Bundeswettbewerb Mathematik

Aufgaben und Lösungen 1983–1987

Herausgegeben vom
Verein Bildung und Begabung

Verantwortlich:
Kuratorium des
Bundeswettbewerbs Mathematik,
Bonn-Bad Godesberg
Bearbeitet von Klaus-R. Löffler

Ernst Klett Verlag

Der Bundeswettbewerb Mathematik ist eine Initiative des Stifterverbandes für die Deutsche Wissenschaft und der Länder der Bundesrepublik Deutschland.

ISBN 3-12-710720-X

1. Auflage 1 5 4 3 2 1 | 1992 91 90 89 88

Alle Drucke dieser Auflage können im Unterricht nebeneinander benutzt werden, sie sind untereinander unverändert. Die letzte Zahl bezeichnet das Jahr dieses Druckes.

Druck: Gutmann u. Co., Heilbronn

Inhaltsverzeichnis

Vorwort

Der Bundeswettbewerb Mathematik wurde in diesem Jahr zum siebzehnten Mal an den Schulen in der Bundesrepublik Deutschland durchgeführt. Seit 1970 beteiligten sich rund 27 000 Schülerinnen und Schüler am Wettbewerb. Einige von ihnen, genau 296, konnten den Bundessieg erringen und wurden während ihres Studiums in die Förderung der Studienstiftung des deutschen Volkes aufgenommen. Eine kürzlich vorgenommene Untersuchung zum weiteren Werdegang der Bundessieger* ergab, daß aus manchem Bundessieger der ersten Wettbewerbsläufe nach erfolgreichem Studium sogar schon ein Mathematik-Professor geworden ist. Der wohl bekannteste unter ihnen dürfte Gerd Faltings sein, Bundessieger 1970 und 1971.

Der Bundeswettbewerb Mathematik ist nicht nur einer der ältesten und erfolgreichsten Wettbewerbe, er gehört auch zur Gruppe der bundesweiten Schülerleistungswettbewerbe, die unter der Schirmherrschaft des Bundespräsidenten stehen. Schließlich sei noch vermerkt, daß die Schülermannschaft der Bundesrepublik Deutschland für die alljährliche Internationale Mathematik-Olympiade in der Regel aus den Teilnehmern des Bundeswettbewerbs Mathematik ermittelt wird.

Im Laufe seiner siebzehnjährigen Geschichte blieben Inhalt und Ablauf des Wettbewerbs unverändert. Nur die organisatorische Basis veränderte sich. Seit 1984 ist der Verein Bildung und Begabung für die Durchführung des Wettbewerbs verantwortlich, der ursprünglich aus einer Initiative des Stifterverbandes für die Deutsche Wissenschaft entstand und nun mit Unterstützung des Bundesministers für Bildung und Wissenschaft sowie der Kultusminister der Länder in der Bundesrepublik Deutschland veranstaltet wird. Als private Einrichtung will der Verein alle Bemühungen unterstützen, die darauf gerichtet sind, besonders interessierte, begabte und leistungswillige junge Menschen zu finden und zu fördern. Im Mittelpunkt seiner Arbeit stehen die beiden Bundeswettbewerbe Mathematik und Fremdsprachen sowie die deutsche Beteiligung an der Internationalen Mathematik-Olympiade.

Nachdem der Verlag Ernst Klett dankenswerterweise einen Nachdruck der Aufgaben und Lösungen aus den Jahren 1972 bis 1982 in einem Doppelband bereits wieder aufgelegt hat, wird die Reihe der Veröffentlichungen von Materialien des Bundeswettbewerbs Mathematik nun mit dieser Sammlung der Aufgaben und Lösungen von 1983 bis 1987 fortgesetzt.

Für den Verein Bildung und Begabung ist diese Publikation ein willkommener Anlaß, all jenen zu danken, die den Wettbewerb seit vielen Jahren ermöglichen: hierzu gehören die finanziellen Förderer ebenso wie die Vertreter der Kultus- und Schulbehörden sowie die zahlreichen Fachleute aus Hochschule, Schule und der Wirtschaft, die den Wettbewerb als Gremienmitglieder, Aufgabensteller oder Gutachter geprägt haben.

Ich wünsche dieser Publikation viele interessierte und sachverständige Leser unter unseren jungen Menschen.

Bonn im Dezember 1987

Walter Rasch, Senator a.D.
Vorsitzender des Vereins
Bildung und Begabung

* Rahn, H. Talente finden - Talente fördern. Göttingen, 1985

Einleitung

Der Bundeswettbewerb Mathematik geht in das achtzehnte Jahr seines Bestehens. Genau 26 579 Schülerinnen und Schüler aus dem gesamten Bundesgebiet haben sich bislang am Wettbewerb beteiligt. Dabei schwankten die Teilnehmerzahlen von Anfang an recht stark. Maßnahmen der Wettbewerbsveranstalter wie Höhe der Preise oder Schwierigkeitsgrad der Aufgaben mögen hier ebenso eine Rolle spielen wie Ursachen, auf die der Wettbewerb keinen direkten Einfluß hat, wie z. B. Verbreitung der Unterlagen und werbende Unterstützung in den Schulen. Aufgrund der Vielzahl der Einflüsse lassen sich die Schwankungen der Teilnehmerzahlen in jedem Jahr kaum bündig erklären.

Leider, wenn auch in der Natur der Sache liegend, hat der Wettbewerb keine Informationen über die Anzahl derer, die sich intensiv mit den Aufgaben beschäftigen, aber dann doch keine Wettbewerbsarbeit einsenden, sei es, daß sie keine vollständigen Lösungen gefunden haben oder aber unsicher sind, ob die Qualität der gefundenen Lösungen ausreichend ist. Hier ist der Wettbewerb darauf angewiesen, daß mögliche Mißerfolgserlebnisse in der Schule aufgefangen werden.

Um jedoch den Einstieg in den Bundeswettbewerb Mathematik etwas zu erleichtern, hat das Kuratorium des Wettbewerbs die Teilnahmebedingungen für die erste Runde modifiziert. So reicht es nun zur Aufnahme in das Korrekturverfahren der ersten Runde, eine der vier Aufgaben gelöst zu haben (bisher mußten es drei Aufgaben sein). Außerdem wird - zunächst probehalber für die erste Runde 1988 - Gruppenarbeit zugelassen. Diese Gruppenarbeiten durchlaufen allerdings das Korrekturverfahren außer Konkurrenz und können auch nicht zur Teilnahme an der zweiten Runde berechtigen. Mit dieser Maßnahme soll der Charakter der ersten

Wettbewerbsrunde als Einstiegsrunde noch stärker betont werden.
An dem Schwierigkeitsgrad der Aufgaben ändert dies allerdings nichts. Genauso wenig ändert sich etwas an den übrigen Runden des Wettbewerbs und der Teilnahmeberechtigung für sie. Nach wie vor stellt die zweite Wettbewerbsrunde hohe Anforderungen und sind in der dritten Wettbewerbsrunde keine Aufgaben mehr zu lösen, sondern müssen sich hier die Teilnehmerinnen und Teilnehmer in einem Kolloquium mit Mathematikern aus der Hochschule und der Schule bewähren.
In der ersten Wettbewerbsrunde kann ein erster bzw. zweiter Preis und damit die Teilnahmeberechtigung für die zweite Wettbewerbsrunde nur erreicht werden, wenn alle vier Aufgaben bearbeitet und richtig bzw. im wesentlichen richtig gelöst wurden. In der zweiten Runde werden erheblich strengere Maßstäbe an die Preiswürdigkeit einer Arbeit gelegt. Hier kann ein erster Preis und damit die Teilnahmeberechtigung für die dritte Wettbewerbsrunde, das Kolloquium, nur erreicht werden, wenn alle vier Aufgaben richtig gelöst wurden und darüber hinaus auch die Darstellung der Lösungen einwandfrei ist.
Die Preisstufen gehen in beiden Aufgabenrunden bis zum 3. Preis, der in der ersten Runde auch dann noch vergeben wird, wenn nur drei Aufgaben richtig gelöst sind. Darüber hinaus gibt es in der ersten Runde eine Anerkennungsurkunde, die bei richtiger Lösung mindestens einer Aufgabe vergeben wird. In der dritten Wettbewerbsrunde gibt es nur eine Preisstufe, den Bundessieg.

Die Auswahl der Aufgaben für die jeweilige erste und zweite Wettbewerbsrunde obliegt dem Aufgabenausschuß des Bundeswettbewerbs Mathematik. Das Material für die Auswahl ist ein Aufgabenvorrat, der das ganze Jahr über von den Mitgliedern des Aufgabenausschusses durch Neuvorschläge, Modifizierungen und Streichungen auf aktuellem Stand gehalten wird.
An die Aufgaben werden verschiedene Anforderungen gestellt: Die Aufgaben sollen kurz und einprägsam zu formulieren und von der Fragestellung oder dem Ergebnis her interessant und vielleicht überraschend sein, ihre Hauptanforderung an die Lösenden im heuristischen Bereich stellen, knappe überschaubare Lösungen zulassen und insgesamt als Paket einen nicht zu schmalen Sektor der Elementarmathematik abdek-

ken. Bevorzugte Gebiete, aus denen Aufgaben gestellt werden, sind elementare Zahlentheorie, Graphentheorie, Kombinatorik und vor allem die Geometrie.
Der Formulierung der Aufgaben wird besondere Sorgfalt gewidmet, da die Verständlichkeit und Eindeutigkeit der Aufgabenstellung für die Teilnehmerinnen und Teilnehmer von größter Bedeutung ist. Da die Präzisierung einer Aufgabenstellung in manchen Fällen den Eindruck eines komplizierteren Sachverhalts erwecken und damit den Einstieg eher erschweren kann, wird bisweilen eine einfachere, wenn auch nicht ganz eindeutige Formulierung der Aufgabe gewählt. Dies geschieht in den Fällen, wo eine der beiden möglichen Deutungen auf eine offensichtlich unsinnige oder triviale Fragestellung führt. Die Einsicht in die gemeinte Aufgabenstellung wird dann auch ohne zusätzliche Hinweise den Lösenden zugemutet.

Das Bewertungsverfahren des Bundeswettbewerbs Mathematik ist absolut; das bedeutet, daß die Gesamtzahl der Preisträgerinnen und Preisträger weder von vornherein festgelegt, noch je Preisstufe nach oben oder unten begrenzt ist. Es wird auch keine Rangfolge der einzelnen Wettbewerbsarbeiten gebildet, sondern es wird ausschließlich die mathematische Leistung bewertet. So ist die Leistungseinstufung für die Teilnehmerinnen und Teilnehmer weitgehend nachprüfbar und wird nicht durch fachfremde Kriterien beeinflußt.
Die Bewerungsmaßstäbe sind streng. Neben der mathematischen Richtigkeit der Lösung gehen Gedankenführung und Logik der Darstellung wesentlich in die Bewertung ein, nicht aber in gleichem Maße die Beherrschung der mathematischen Fachsprache. Denn hier fließen naturgemäß besonders stark die jeweiligen Unterrichtserfahrungen ein.

Am Ende jeder Runde erhalten die Teilnehmerinnen und Teilnehmer des Bundeswettbewerbs Mathematik Lösungsbeispiele zu den Aufgaben dieser Runde. Zum einen sollen ihnen diese Lösungsbeispiele als Hilfe beim Auffinden der von den Korrektoren beanstandeten Mängel in ihrer eigenen Ausarbeitung dienen, zum anderen erhalten sie Anregungen durch das Kennenlernen von Lösungsvarianten oder völlig anderen Lösungen.
Die erste Fassung dieser Lösungsbeispiele entsteht jeweils vor dem

Einsendeschluß einer Wettbewerbsrunde. Die Korrektoren dieser Runde erhalten diese Version zusammen mit den von ihnen durchzusehenden Wettbewerbsarbeiten und Korrekturhinweisen zu den einzelnen Aufgaben. Während der Korrektur werden weitere Lösungsideen von Korrektoren und vor allem auch aus Teilnehmerarbeiten gesammelt und gegebenenfalls in die Lösungsbeispiele eingearbeitet. Auf diese Weise ist dann die endgültige Version der Lösungsbeispiele entstanden, wie sie den Teilnehmerinnen und Teilnehmern ausgehändigt wird.
Die hier vorgelegte Sammlung enthält vollständig die jeweiligen Endfassungen der Lösungsbeispiele aus den Jahren 1983 bis 1987. Im Hinblick auch auf den dokumentarischen Charkater sind in den einzelnen Lösungsbeispielen weder Kürzungen noch Ergänzungen vorgenommen worden. Es ist lediglich versucht worden, Druckfehler so weit wie möglich zu beheben. Wir sind nicht so vermessen zu glauben, daß uns dies völlig gelungen ist.

Der Bundeswettbewerb Mathematik ist kein Schulwettbewerb, aber dadurch, daß er ausschließlich für Schülerinnen und Schüler ausgeschrieben wird, wirkt er direkt in die Schule hinein. In seinen fachlichen Anforderungen baut er auf den Voraussetzungen auf, die die Schule geschaffen hat. Es gehört allerdings nicht zu den Zielen des Wettbewerbs, inhaltlich Lehrpläne zu ergänzen oder gar zu kompensieren, wenngleich viele seiner Aufgaben Themen der Mathematik behandeln, die im Schulunterricht aus Platzgründen gar nicht mehr oder nur noch knapp behandelt werden können. Insofern können die Aufgaben für alle, die sich mit ihnen beschäftigen, eine Ergänzung zum Schulstoff darstellen. Zu den in der Schule gestellten Aufgaben besteht gleichwohl im allgemeinen ein prinzipieller Unterschied. Obwohl - wie sich normalerweise später herausstellt - alle mathematischen Voraussetzungen zur Lösung des gestellten Problems zur Verfügung stehen, gelingt eine zufriedenstellende Bearbeitung zunächst nicht. Die Aufgaben sind bewußt so gestellt, daß erst eine intensive Beschäftigung mit dem gestellten Problem und seinem mathematischen Umfeld zu ersten Lösungsansätzen und schließlich zu einer erfolgreichen Lösungsidee führt. Als letztes muß diese Idee dann exakt formuliert werden, eine Aufgabe, die nicht unterschätzt werden sollte. Im Idealfall (der übrigens sehr häufig der Normalfall ist) werden die Lösenden so einen Einstieg in mathematische Denk- und Arbeitsweisen gefunden haben.

Der Bundeswettbewerb Mathematik wünscht sich die Unterstützung der Fachlehrer, und er ist auf diese Unterstützung angewiesen, besonders bei der Hinführung jüngerer Schülerinnen und Schüler zum Problemlösen. Der vorliegende Band kann hier mit Aufgabenmaterial und Lösungsbeispielen unterstützend helfen. Er ist auch als Aufgabensammlung gedacht, und es sei allen Interessenten angeraten, sich Aufgaben auszuwählen, die ihr Interesse wecken, und zunächst eigene Lösungsversuche zu unternehmen, ehe sie sich den Lösungsbeispielen zuwenden. Zusammen mit dem Nachdruck der Aufgaben und Lösungen von 1972 bis 1982 (Klett-Buch Nr. 71074) liegen nun bis auf zwei Jahrgänge alle Aufgaben des Bundeswettbewerbs Mathematik vor, zum großen Teil mit mehreren Lösungsvarianten. Für jeden am Problemlösen Interessierten bietet sich hier eine Sammlung verschiedenster Aufgaben, und wir wünschen allen Leserinnen und Lesern dieses Buches viel Freude und Erfolg bei eigenen Lösungsversuchen.

Bonn im Dezember 1987

Dipl.-Math. Hanns-Heinrich Langmann	Prof. Dr. Günter Pickert
Leiter der Geschäftsstelle	Vorsitzender des Kuratoriums
des Bundeswettbewerbs Mathematik	des Bundeswettbewerbs Mathematik

Aufgaben 1983 1. Runde

1. Die Oberfläche eines Fußballs setzt sich aus schwarzen Fünfecken und weißen Sechsecken zusammen. An die Seiten eines jeden Fünfecks grenzen lauter Sechsecke, während an die Seiten eines jeden Sechsecks abwechselnd Fünfecke und Sechsecke grenzen.

   Man bestimme aus diesen Angaben über den Fußball die Anzahl seiner Fünfecke und seiner Sechsecke.

2. Von einem rechtwinkligen Dreieck sind Umkreis- und Inkreisradius gegeben.

   Man konstruiere das Dreieck mit Zirkel und Lineal, beschreibe die Konstruktion und begründe ihre Richtigkeit.

3. Eine reelle Zahl heißt dreisam, wenn sie eine Dezimaldarstellung besitzt, in der keine von 0 und 3 verschiedene Ziffer vorkommt.

   Man beweise, daß sich jede positive reelle Zahl als Summe von neun dreisamen Zahlen darstellen läßt.

4. Es sei g eine Gerade und n eine vorgegebene natürliche Zahl.

   Man beweise, daß sich stets n verschiedene Punkte auf g sowie ein nicht auf g liegender Punkt derart wählen lassen, daß die Entfernung je zweier dieser n+1 Punkte ganzzahlig ist.

Aufgaben 1983 2. Runde

1. Die nebenstehende Figur zeigt einen dreieckigen Billardtisch mit den Seiten a , b und c. Im Punkt S auf c befindet sich eine - als punktförmig anzunehmende - Kugel. Nach Anstoß durchläuft sie, wie in der Figur angedeutet, infolge Reflexion an a, b, a, b und c (in S) immer wieder dieselbe Bahn. Die Reflexion erfolgt nach dem Reflexionsgesetz.
Man charakterisiere die Gesamtheit aller Dreiecke ABC, die eine solche Bahn zulassen, und bestimme die Lage von S.

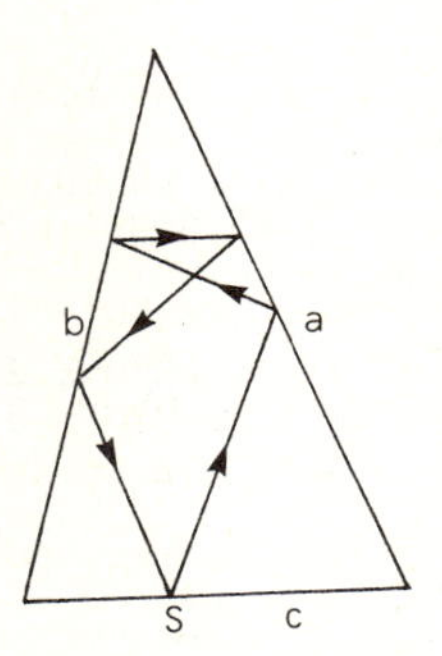

2. Zwei Personen A und B machen folgendes Spiel: Sie nehmen aus der Menge {0,1,2,3,...,1024} abwechselnd 512, 256, 128, 64, 32, 16, 8, 4, 2, 1 Zahlen weg, wobei A zuerst 512 Zahlen wegnimmt, B dann 256 Zahlen usw. . Es bleiben zwei Zahlen a, b stehen (a<b). B zahlt an A den Betrag b-a. A möchte möglichst viel gewinnen, B möglichst wenig verlieren.
Welchen Gewinn erzielt A, wenn jeder Spieler seiner Zielsetzung entsprechend optimal spielt ? Das Ergebnis ist zu begründen.

3. Im Inneren eines Fünfecks liegen k Punkte. Sie bilden zusammen mit den Eckpunkten des Fünfecks eine (k+5)-elementige Menge M.
Die Fläche des Fünfecks sei durch Verbindungslinien zwischen den Punkten von M derart in Teilflächen zerlegt, daß keine Teilfläche in ihrem Inneren einen Punkt von M enthält und auf dem Rand jeder Teilfläche genau drei Punkte von M liegen. Keine der Verbindungslinien hat mit einer anderen Verbindungslinie oder mit einer Fünfeckseite einen Punkt gemeinsam, der nicht zu M gehört.
Kann bei einer solchen Zerlegung des Fünfecks von jedem Punkt von M eine gerade Anzahl von Verbindungslinien (hierzu zählen auch die Fünfeckseiten) ausgehen? Die Antwort ist zu begründen.

4. Für eine Folge f(0), f(1), f(2), ... gilt:

$$f(0)=0 \text{ und } f(n) = n-f(f(n-1)) \text{ für } n=1,2,3,\dots .$$

Man gebe eine Formel an, mit deren Hilfe man für jede natürliche Zahl n den Wert f(n) unmittelbar aus n und ohne Berechnung vorangegangener Folgenglieder bestimmen kann.

Lösungen 1983 1. Runde

Aufgabe 1

Die Oberfläche eines Fußballs setzt sich aus schwarzen Fünfecken und weißen Sechsecken zusammen. An die Seiten eines jeden Fünfecks grenzen lauter Sechsecke, während an die Seiten eines jeden Sechsecks abwechselnd Fünfecke und Sechsecke grenzen. Man bestimme aus diesen Angaben über den Fußball die Anzahl seiner Fünfecke und seiner Sechsecke.

Lösung

Die Oberfläche des Fußballs kann als Polyeder aufgefaßt werden. Es sei f die Anzahl der Fünfecksflächen, s die Anzahl der Sechsecksflächen, k die Anzahl der Kanten und e die Anzahl der Ecken dieses Polyeders.

Dann gilt nach dem EULERschen Polyedersatz

(1) $e + f + s = k + 2$.

Da an jede Polyederkante genau zwei Polyederflächen grenzen, ist die Summe der Seitenanzahlen aller Polyederflächen gleich der doppelten Kantenanzahl; also gilt

(2) $5f + 6s = 2k$.

Wir zählen nun die Paare (F,S), wobei F ein Polyederfünfeck und S ein Polyedersechseck ist und beide eine gemeinsame Kante haben ("benachbart sind"), auf zwei Weisen ab. Da zu jedem Fünfeck fünf benachbarte Sechsecke, zu jedem Sechseck drei benachbarte Fünfecke gehören, gilt außerdem

(3) $5f = 3s$.

Schließlich ergibt sich noch eine Bedingung aus folgender Eigenschaft eines Polyeders: Von jeder Ecke gehen mindestens drei Kanten aus. Andererseits besitzt jede Kante genau 2 Ecken als Endpunkte; hieraus folgt:

(4) $2k \geq 3e$.

Ersetzt man in (1) und (2) gemäß (3) den Wert 5f durch 3s, erhält man

$$(1') \quad 5e + 8s = 5k + 10,$$
$$(2') \quad 9s = 2k \quad .$$

Hieraus ergibt sich durch Elimination von s

$$(*) \quad 45e = 90 + 29k \quad .$$

Da die Zahlen 29 und 45 teilerfremd sind und weiterhin e und k natürliche Zahlen sind, folgt aus (*), daß k ein natürliches Vielfaches von 45 ist. Nach (2') ist dann s ein natürliches Vielfaches von 10, und nach (3) ist dann f ein natürliches Vielfaches von 6.

Aus (4) und (*) ergibt sich schließlich $k \geq 90$.

Ausgehend vom Minimalwert k=90 erhält man durch schrittweises Einsetzen in die Bestimmungsgleichungen (2') und (1'):

$$(L) \quad f = 12, \quad s = 20, \quad e = 60.$$

Die Oberfläche des entsprechenden Fußballs setzt sich somit aus 12 Fünfecken und 20 Sechsecken zusammen. Die Betrachtung eines realen Fußballs zeigt, daß diese Werte tatsächlich auftreten.

Allerdings sind diese Flächenanzahlen durch die Aufgabenstellung nicht eindeutig festgelegt. Für k=180 erhält man z.B. mit f=24, s=40 und e=118 eine weitere Lösung. In diesem unregelmäßigen Fall gehen von zwei Ecken je sechs Kanten aus, während von den übrigen 116 Ecken je drei Kanten ausgehen.

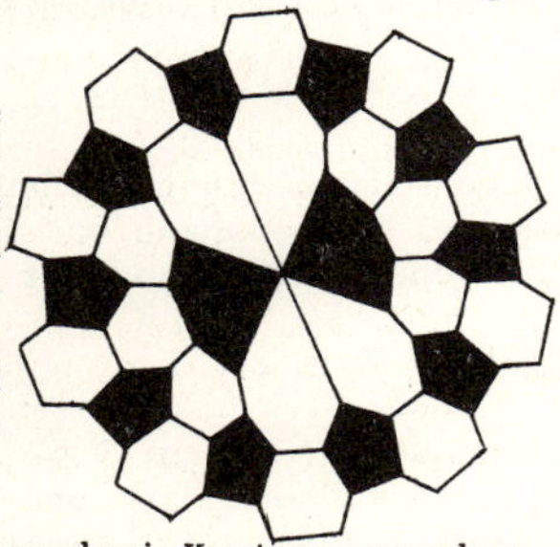

Die rechts dargestellte Figur zeigt die "Vorderseite" der zugehörigen Fußballoberfläche. Die "Rückseite" hat dieselbe Struktur wie die Vorderseite. Vorder- und Rückseite können entlang der 40 Anschlußkanten passend aneinandergefügt werden, denn von diesen Kanten gehört abwechselnd eine zur Klasse "weiß an weiß" und eine zur Klasse "schwarz an weiß".

Setzt man voraus, daß von jeder Ecke genau drei Kanten ausgehen, ergibt sich oben k=90; die angegebene Lösung (L) wird dann eindeutig erhalten.

Skizze zu einer weiteren Lösung

Geht man davon aus, daß alle Fünfecke und Sechsecke regulär sind, so ergibt sich aus der Ballbeschreibung, daß in jeder Ecke ein Fünfeck und zwei Sechsecke zusammenstoßen. Definiert man als Winkeldefekt einer Ecke des Polyeders die Differenz aus 360° und der Summe der an der Bildung der räumlichen Ecke beteiligten Innenwinkel der angrenzenden Polygone, so erhält man für jede Ecke den Winkeldefekt 12° .

Mit Hilfe des EULERschen Polyedersatzes beweist man, daß die Summe der Winkeldefekte aller Polyederecken 720° beträgt. Hieraus findet man für die Eckenzahl

$$e = 720° : 12°$$
$$= 60 .$$

Addiert man nun je die Anzahlen der anstoßenden Fünf- und Sechsecke an jeder Ecke des Polyeders, so erhält man 60 Fünfecke und 120 Sechsecke. Hierbei wird jedes Fünfeck fünfmal, jedes Sechseck sechsmal gezählt. Es sind also 12 Fünfecke und 20 Sechsecke.

Aufgabe 2

Von einem rechtwinkligen Dreieck sind Umkreis- und Inkreisradius gegeben. Man konstruiere das Dreieck mit Zirkel und Lineal, beschreibe die Konstruktion und begründe ihre Richtigkeit.

Vorbemerkungen:

1. Bezeichnungen:
Der Skizze rechts sind die (üblichen) Bezeichnungen der Größen in dem zu konstruierenden rechtwinkligen Dreieck zu entnehmen. Der Kreis mit dem Mittelpunkt M und dem Radius s wird mit K(M,s) abgekürzt.

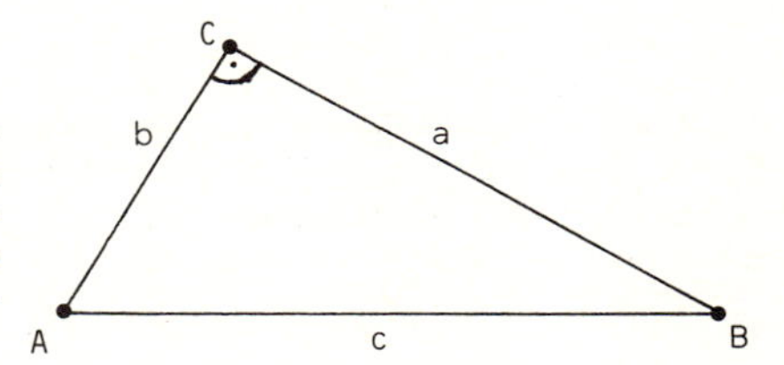

2. Zusammenhänge zwischen a, b, c, r, und R:
Da der Umkreis des Dreiecks der Thaleskreis über der Hypotenuse ist, gilt $R = c/2$.

Durch die Lote vom Inkreismittelpunkt auf die Seiten des rechtwinkligen Dreiecks wird dessen Fläche in ein Quadrat und zwei Drachen zerlegt.

Wegen $b-r + a-r = 2R$

hat man (1) $a + b = 2r + 2R$.

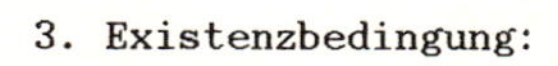

3. Existenzbedingung:

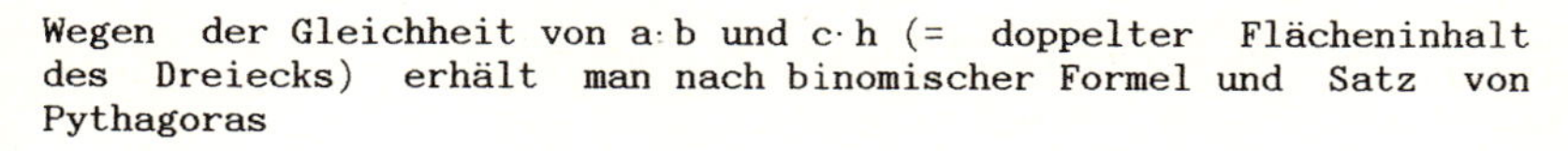

Wegen der Gleichheit von $a \cdot b$ und $c \cdot h$ (= doppelter Flächeninhalt des Dreiecks) erhält man nach binomischer Formel und Satz von Pythagoras

$$(a+b)^2 = c^2 + 2ch .$$

Da sich h nach oben durch R abschätzen läßt, folgt hieraus

$$(a+b)^2 \leq 8R^2 \quad ,$$

also $$a + b \leq \sqrt{2} \cdot 2R \ .$$

Zusammen mit (1) erhält man hieraus als notwendige Bedingung für die Existens des Dreiecks

$$\text{(E)} \qquad r \leq (\sqrt{2} - 1)R \ .$$

Eine untere - etwa von R abhängige - positive Schranke für r gibt es nicht, da der Punkt C und daher auch der Inkreismittelpunkt I einen beliebig kleinen Abstand von AB haben kann.

Da im Falle des gleichschenkligen Dreiecks bei (E) Gleichheit vorliegt, ergibt sich damit aus Stetigkeitsgründen, daß die Bedingung (E) auch hinreichend für die Existenz des gesuchten Dreiecks ist.

4. Zu den nachfolgend angegebenen Lösungen:

In Lösung 1 wird zunächst das Dreieck ABI konstruiert. Diese Grundkonstruktion eines Dreiecks aus einer Seite, gegenüberliegendem Winkel und zugehöriger Höhe dürfte gelegentlich im Geometrieunterricht der Schule behandelt worden sein, etwa im Rahmen von Anwendungen des Peripheriewinkelsatzes.

Lösung 2 bettet das rechtwinklige Dreieck ABC in ein gleichschenklig rechtwinkliges Dreieck UWC der Kathetenlänge a+b ein und benutzt, daß die Mittelparallele im Dreieck UWV durch den Umkreismittelpunkt des Dreiecks ABC geht.

Lösung 3 macht wie Lösung 2 Gebrauch von (1) und ist wohl die elementarste Lösung mit Lieferung der schnellsten Konstruktion.

Bei Lösung 4 wird das gesuchte Dreieck über die Konstruktion mehrerer rechtwinkliger Hilfsdreiecke gewonnen. Zur Begründung der Richtigkeit werden verstärkt algebraische Überlegungen herangezogen.

In Lösung 5 führt eine algebraische Umformung mit Hilfe von (1) zu einer Konstruktionsmöglichkeit für c mit Hilfe eines Strahlensatzes. Danach ist die weitere Konstruktion sehr leicht.

Lösung 6 schließlich benutzt die Beziehung $\overline{IU}^2 = R(R-2r)$ (Euler), die für beliebige Dreiecke gültig ist; dabei ist U der Umkreismittelpunkt.

Lösung 1

Man zeichne zwei Parallelen f und g mit dem Abstand r und trage auf f eine Strecke der Länge 2R ab; die Endpunkte der Strecke werden mit A und B, der Mittelpunkt mit M bezeichnet.

Mit entgegengesetzter Orientierung trage man an AB in A und B jeweils einen Winkel der Größe 22,5° derart an, daß der Schnittpunkt der freien Schenkel in der g enthaltenden Halbebene von (AB) liegt. Dieser Schnittpunkt werde mit X bezeichnet.

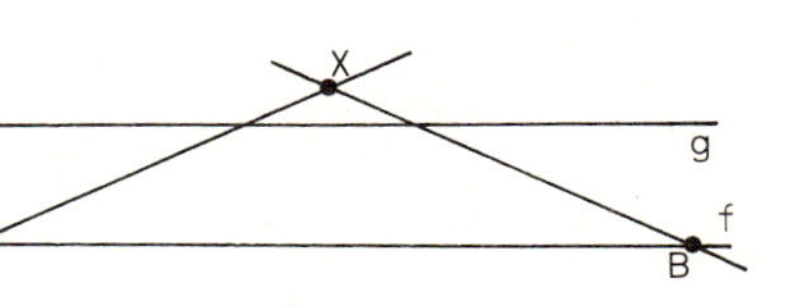

X liegt nicht innerhalb des durch f und g bestimmten Streifens, denn wegen (E) hat man:

$$\overline{MX} = R \tan(22{,}5^\circ),$$

also (2) $$\overline{MX} = R(\sqrt{2} - 1)\ ,$$

mithin $$\overline{MX} \geq r\ .$$

Man konstruiere nun den Kreisbogen k durch A, X und B. Nach der vorhergegangenen Überlegung muß k mit g mindestens einen gemeinsamen Punkt haben; ein solcher Schnittpunkt sei mit I bezeichnet. I liegt im Inneren des durch f und g bestimmten Streifens.

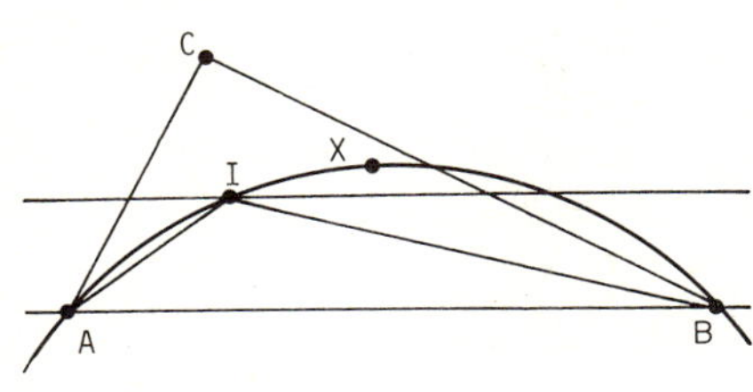

Nun spiegele man (AB) sowohl an (AI) als auch an (BI). Da I nicht auf (AB) liegt, haben die beiden Bildgeraden genau einen gemeinsamen Punkt. Dieser sei mit C bezeichnet.

Dann hat Dreieck ABC die verlangten Eigenschaften.

Denn nach dem Peripheriewinkelsatz und nach Konstruktion beträgt die Größe von Winkel AIB 135° , die Winkel IBA und BAI haben also zusammen die Größe 45° .

Dann beträgt nach Konstruktion im Dreieck ABC die Größe der Winkel bei A und bei B zusammen 90° ; der Winkel bei C ist also ein rechter. Somit liegt C auf dem Thaleskreis über AB. Dieser hat nach Konstruktion den Radius R. Schließlich hat I von den Geraden (AB), (BC) und (CA) den Abstand r; r ist also der Inkreisradius des konstruierten Dreiecks ABC.

Varianten zu Lösung 1:

Nach der beschriebenen Konstruktion von Dreieck ABI läßt sich der Punkt C durch Ausnutzung anderer geometrischer Örter erhalten; die Begründung für die Richtigkeit der Konstruktion ist entsprechend zu modifizieren. So liegt C

- auf dem Thaleskreis über AB,
- auf der von (AB) verschiedenen Tangente von A an K(I,r),
- auf der von (AB) verschiedenen Tangente von B an K(I,r),
- auf der Geraden (NI); N ist dabei der Schnittpunkt von XM mit K(M,R).

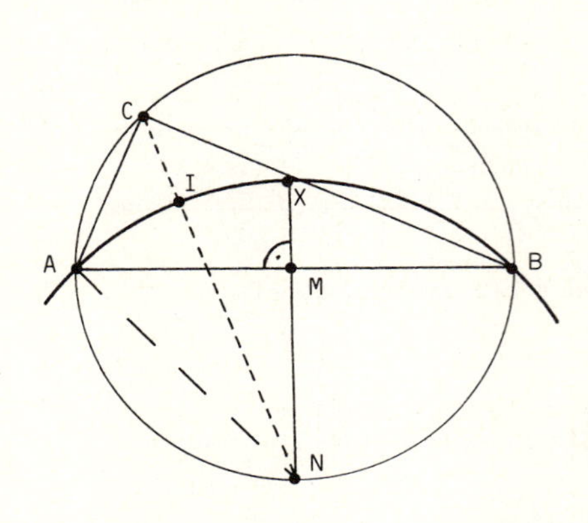

Begründung:

Da Dreieck ANM gleichschenklig-rechtwinklig ist, gilt

$\overline{AN} = R\sqrt{2}$

und entsprechend $\overline{BN} = R\sqrt{2}$.

Nach (2) hat man $\overline{MX} = R(\sqrt{2}-1)$
und somit $\overline{NX} = R\sqrt{2}$.

N ist also der Mittelpunkt des Kreises durch A, X und M. Als Peripheriewinkel über gleichlangen Sehnen sind die Winkel ACN und NCB kongruent.

Mithin halbiert (CN) den Winkel ACB. Da I Schnittpunkt der Winkelhalbierenden im Dreieck ABC ist, liegt I auf (NC).

Lösung 2

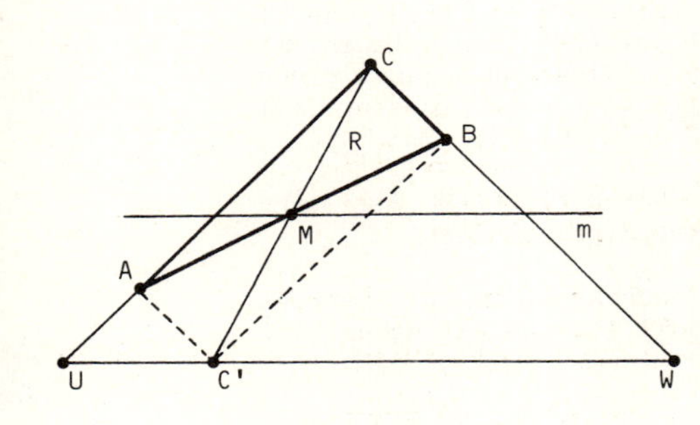

Man zeichne ein rechtwinklig-gleichschenkliges Dreieck UWC mit der Spitze C und mit $CU = CW = \sqrt{2}(r+R)$. Die Gerade durch die Mittelpunkte von CU und CW sei mit m bezeichnet. Die Höhe s im Dreieck UWC beträgt 2(a+b)/2; nach (1) folgt also $s = \sqrt{2}(r+R)$.

Man erhält daher unter Benutzung von (E)

$$s \leq 2R .$$

Der Abstand, den C von m hat, ist somit nicht größer als R; es existiert daher ein Schnittpunkt von K(C,R) mit m. M sei ein solcher Schnittpunkt.

Man zeichne nun K(M,R); der Kreis geht durch C; seine Schnittpunkte mit CU bzw. CW werden mit A bzw. B bezeichnet.

Die von C verschiedenen Schnittpunkte des Kreises mit CU bzw. CW existieren, da M nicht auf einem der Schenkel des Dreiecks liegt. Sie liegen auf den Seiten (und nicht etwa auf ihren Verlängerungen), da $MC<MU$ und $MC<MW$ gilt.

Das rechtwinklige Dreieck ABC hat die verlangten Eigenschaften:
M liegt auf AB, denn da A, B und C auf einem gemeinsamen Kreis um M liegen und der Winkel ACM ein rechter ist, muß AB in diesem Kreis ein Durchmesser sein. Nach Konstruktion hat Dreieck ABC

einen Umkreis mit dem Radius R. Nachzuweisen ist noch, daß der Inkreis von Dreieck ABC den Radius r hat.

Eine Punktspiegelung an M führt Dreieck ABC in Dreieck BAC' über. Viereck AC'BC ist ein Rechteck. Da M auf m liegt, ist C' ein Punkt von UW. Nun ist Dreieck UC'A rechtwinklig mit Basiswinkeln der Größe 45°, also gleichschenklig. Mithin folgt $\overline{UA} = \overline{C'A} = \overline{BC}$.

Somit gilt weiter $\overline{CA} + \overline{CB} = \overline{CA} + \overline{UA} = 2(r+R)$.

Man hat also $a+b = 2(r+R)$.

Zu gegebenem a+b und R ist r durch diese Gleichung eindeutig bestimmt. Nach (1) ist daher r der Radius des Inkreises von Dreieck ABC.

Lösung 3

Man zeichne die Schenkel s und t eines Winkels der Größe 45° mit dem Scheitel S. Auf t trage man einen Punkt A mit $\overline{AS} = 2(r+R)$ ein.

Der Abstand d, den der Punkt A von s hat, beträgt $\sqrt{2}(r+R)$, denn $0{,}5\sqrt{2} = \cos 45° = d/(2r+2R)$.

K(A,2R) hat daher mit s einen oder zwei Punkte gemeinsam. Der näher bei S liegende gemeinsame Punkt werde mit B bezeichnet. Das Lot von B auf t schneidet t in einem Punkt, der C genannt werde.

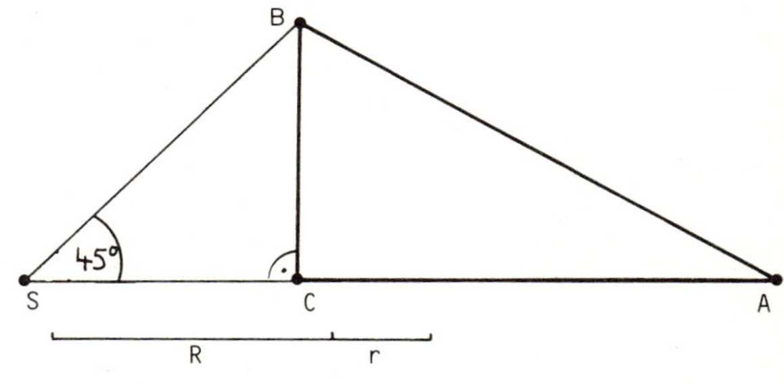

Das so erhaltene Dreieck ABC ist nach Konstruktion rechtwinklig; sein Umkreis hat – wie verlangt – den Radius R.

Weiterhin gilt $a + b = \overline{AC} + \overline{CB} = \overline{AC} + \overline{CS} = \overline{AS} = 2r + 2R$.

Also hat der Inkreis von Dreieck ABC den geforderten Radius (vgl. Lösung 2). Das Dreieck hat somit die verlangten Eigenschaften.

Lösung 4

Ein rechtwinklig-gleichschenkliges Dreieck mit der Kathete r hat die Hypotenuse $r\sqrt{2}$.

Ein rechtwinkliges Dreieck mit der Hypotenuse R−r und der einen Kathete $r\sqrt{2}$ hat die andere Kathete z mit $z^2 = (R-r)^2 - 2r^2$; im Ausartungsfall $r\sqrt{2} = R-r$ setze man $z := 0$. Man mache die Seiten mit den Längen $a := R+r+z$ und $b := R+r-z$ zu Katheten in einem rechtwinkligen Dreieck ABC. Dann hat dieses den Umkreisradius R und den Inkreisradius r.

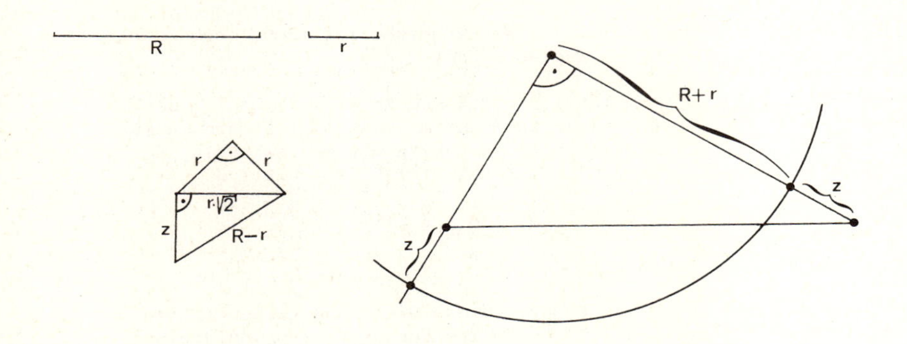

Die Konstruktion ist ausführbar, denn nach (E) ist $R-r$ positiv und nicht kleiner als $r\sqrt{2}$.

Aus $r \leq (\sqrt{2}-1)R$

folgt nämlich $r(\sqrt{2}+1) \leq R$, also $r\sqrt{2} \leq R-r$.

Für die Hypotenuse c des erhaltenen rechtwinkligen Dreiecks ABC gilt:

$$\begin{aligned} c^2 &= (R+r+z)^2 + (R+r-z)^2 \\ &= 2(R+r)^2 + 2z^2 \\ &= 2(R+r)^2 + 2(R-r)^2 - 4r^2 \\ &= 4R^2 . \end{aligned}$$

R ist also der Umkreisradius des rechtwinkligen Dreiecks ABC.

Da weiterhin nach Konstruktion von a und b gilt $a+b = 2(R+r)$, ist r der Radius des Inkreises von Dreieck ABC; zur Begründung vergleiche man mit dem letzten Abschnitt bei Lösung 2.

Lösung 5 (skizziert)

Da sich der doppelte Flächeninhalt von Dreieck ABC auch als Summe der doppelten Flächeninhalte der Dreiecke BCI, CAI und ABI darstellen läßt, erhält man

$$h \cdot c = r(a + b + c) .$$

Einsetzen von (1) liefert hieraus $h \cdot c = 2r(r + 2R)$,

also (wegen $c = 2R$) $h \cdot R = r(r + 2R)$,

mithin $r:h = R:(r + 2R)$.

Damit kann man die Höhe nach einem Strahlensatz konstruieren, wonach das Dreieck aus $c=2R$, h und $\gamma = 90°$ elementar zu konstruieren ist.

Lösung 6 (skizziert)

Für die Entfernung d von Umkreis- und Inkreismittelpunkt eines beliebigen Dreiecks mit Umkreisradius R und Inkreisradius r gilt allgemein $d^2 = R(R-2r)$.

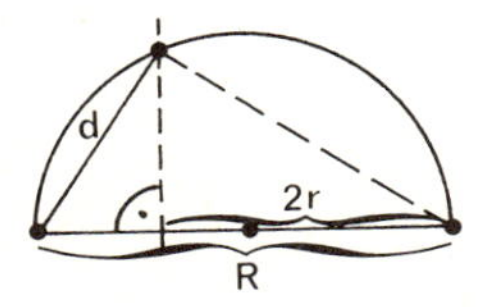

In einem rechtwinkligen Dreieck mit der Hypotenuse R und einem Hypotenusenabschnitt 2r hat nach dem Kathetensatz eine der Katheten die Länge d. Hiermit läßt sich nun das gewünschte Teildreieck ABI konstruieren:

Man wähle I beliebig und zeichne K(I,r). Auf einer beliebigen Tangente t an den Kreis sei M ein Punkt mit $\overline{MI} = d$; auf t bestimme man A und B so, daß $\overline{AM} = \overline{MB} = R$.

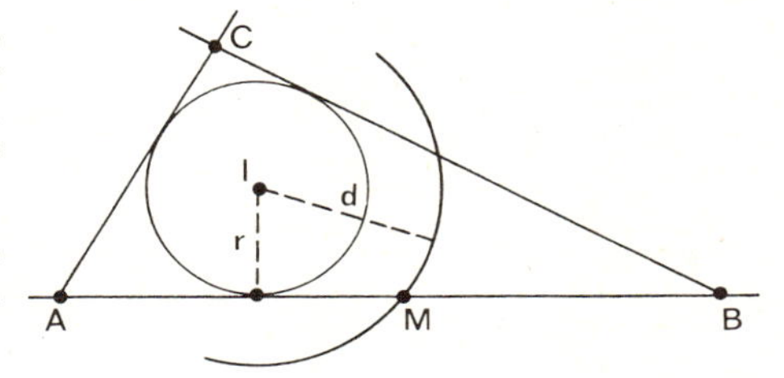

C wird schließlich auf eine der in Lösung 1 angegebenen Weisen konstruiert.

Aufgabe 3

Eine reelle Zahl heißt dreisam, wenn sie eine Dezimaldarstellung besitzt, in der keine von 0 und 3 verschiedene Ziffer vorkommt. Man beweise, daß sich jede positive reelle Zahl als Summe von neun dreisamen Zahlen darstellen läßt.

Lösung

Wir definieren zunächst "einsame" Zahlen als solche mit einer Dezimaldarstellung, in der keine von 0 und 1 verschiedene Ziffer vorkommt. Bei Multiplikation mit 3 wird aus einer einsamen Zahl offensichtlich eine dreisame.

Es genügt zur Lösung der Aufgabe der Nachweis, daß sich jede reelle Zahl als Summe von neun einsamen Zahlen darstellen läßt; denn dann erhält man zur vorgegebenen reellen Zahl r aus der Darstellung von r/3 als Summe von neun einsamen Zahlen durch Multiplikation eines jeden Summanden mit 3 die Darstellung von r als Summe von neun dreisamen Zahlen.

Zur in Dezimaldarstellung vorgegebenen Zahl r bezeichne für jede natürliche Zahl i nun v(i) die i-te Vorkommastelle (vom Komma aus gezählt) und n(i) die i-te Nachkommastelle.

Beispiel: Für r = 7/3 = 2,3333... hat man:

$$v(1)=2,\ n(1)=3 \text{ und für } i>1\ v(i)=0, n(i)=3\ .$$

Die Ziffern der neun einsamen Summanden werden nun auf folgende Weise festgelegt:

Der m-te Summand ($m = 1,2,3,\ldots,9$) hat an der i-ten Vorkommastelle eine 0, wenn gilt $v(i) < m$, sonst eine 1.

Der m-te Summand hat an der i-ten Nachkommastelle eine 0, wenn gilt $n(i) < m$, sonst eine 1.

Bei dieser Konstruktion wird erreicht:

- Jede Vor- und jede Nachkommastelle jedes der neun Summanden ist eindeutig als 0 oder 1 festgelegt.

- Jeder der neun Summanden hat nur endlich viele von 0 verschiedene Vorkommastellen.

Die Summanden sind also neun einsame Zahlen und ihre Summe beträgt nach Konstruktion offensichtlich r.

Damit ist nach obiger Reduktion die Darstellbarkeit jeder reellen Zahl als Summe von neun dreisamen Zahlen - sogar konstruktiv - bewiesen.

Zwei Beispiele zur Erläuterung des Verfahrens

1) $r = 7,14$.

Wegen $r/3 = 2,38$ erhält man die Darstellung

$$2,38 = 1,11 + 1,11 + 0,11 + 0,01 + 0,01 + 0,01 + 0,01 + 0,01 + 0,$$

also

$$7,14 = 3,33 + 3,33 + 0,33 + 0,03 + 0,03 + 0,03 + 0,03 + 0,03 + 0$$

2) $r = 1/7$.

Wegen $r/3 = 1/21 = 0,\overline{047619}$ erhält man

$$1/7 = 0,\overline{033333} + 0,\overline{033303} + 0,\overline{033303} + 0,\overline{033303} + 0,\overline{003303} + 0,\overline{003303} + 0,\overline{003003} + 0,\overline{000003} + 0,\overline{000003} .$$

Bemerkung: In analoger Weise ist die Darstellbarkeit mit "zweisamen", "achtsamen" ...Zahlen nachzuweisen. Die Voraussetzung, daß die darzustellende reelle Zahl positiv ist, ist offensichtlich überflüssig. Der Beweis zeigt, daß (in Verschärfung der Behauptung) erreicht werden kann, daß bei der Darstellung keine im Vorzeichen entgegengesetzten Summanden auftreten.

Aufgabe 4

Es sei g eine Gerade und n eine vorgegebene natürliche Zahl. Man beweise, daß sich stets n verschiedene Punkte auf g sowie ein nicht auf g liegender Punkt derart wählen lassen, daß die Entfernung je zweier dieser n+1 Punkte ganzzahlig ist.

Lösung 1

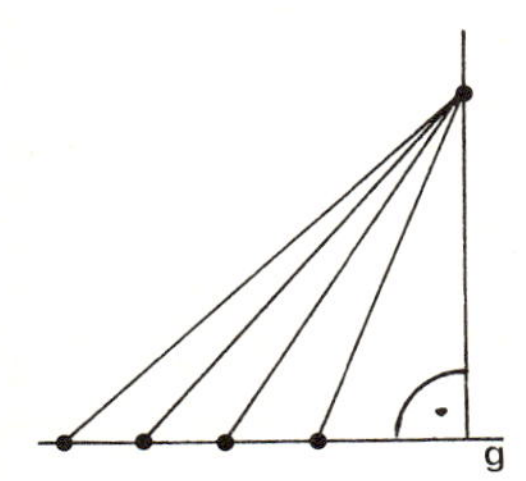

Man erhält sicher dann n+1 Punkte der gesuchten Art, wenn man n paarweise nicht ähnliche pythagoreische Dreiecke (das sind rechtwinklige Dreiecke mit ganzzahligen Seitenlängen) mit je einem natürlichen Streckfaktor so vergrößert, daß sie eine gemeinsame Kathete erhalten, und sie dann so legt, daß die n paarweise verschieden langen Katheten alle auf g liegen, während die gleich lange Kathete allen gemeinsam ist.

Die n+1 Endpunkte der Hypotenusen genügen dann den Bedingungen der Aufgabe. Somit bleibt nur die Existenz von n geeigneten pythagoreischen Dreiecken nachzuweisen.

Hierzu betrachten wir für $i = 1,2,3,\ldots,n$ die Dreiecke mit den Seitenlängen $2i+1$, $2i^2+2i$ und $2i^2+2i+1$.

Nach der Umkehrung des Satzes von Pythagoras sind diese Dreiecke rechtwinklig, denn es gilt:

$$(2i+1)^2 + (2i^2+2i)^2 = (2i^2+2i+1)^2 .$$

Die Längen der kürzeren Katheten sind jeweils Teiler von $(2n+1)!$; durch eine geeignete Streckung lassen sich daher alle n Dreiecke in pythagoreische Dreiecke überführen, deren kürzere Kathete die Länge $(2n+1)!$ hat.

Keine zwei der Dreiecke sind ähnlich, denn für das Verhältnis von Hypotenusenlängen zur Länge der längeren Kathete ergibt sich:

$$(2i^2+2i+1):(2i^2+2i) = 1 + 1:(2i^2+2i) .$$

Dieser Ausdruck nimmt für verschiedene Zahlen i auch verschiedene Werte an; er fällt nämlich streng monoton und liegt für große Werte von i beliebig nahe bei 1. Damit ist der Nachweis erbracht.

Lösung 2

Man mache die Gerade g zur Rechtsachse in einem kartesischen Koordinatensystem und wähle den Punkt $(0,2^{n+1})$ sowie (auf g) die n Punkte $(4^{n-k}-4^k,0)$ $(k=0,1,2,\ldots,n-1)$.

Die Folge $(4^{n-k}-4^k)$ fällt streng monoton; die Werte sind alle ganzzahlig. Die auf g gewählten Punkte sind also paarweise verschieden und haben ganzzahlige Entfernungen.

Nachfolgend wird gezeigt, daß jeder dieser Punkte auch von dem außerhalb von g gewählten Punkt eine ganzzahlige Entfernung hat.

Der für das Quadrat der betrachteten Entfernung nach Pythagoras erhaltene Ausdruck wird notiert und umgeformt:

$$(2^{n+1})^2 + (4^{n-k}-4^k)^2 = 2^{2n+2} + 4^{2n-2k} - 2\cdot 4^n + 4^{2k}$$
$$= (4^{n-k} + 4^k)^2 .$$

Die Entfernung des außerhalb von g liegenden Punktes zu jedem der auf g gewählten Punkte ist also ebenfalls ganzzahlig.

Lösung 3

Die Aufgabe ist gelöst, wenn die nachfolgende Behauptung bewiesen ist:

S sei der Schnittpunkt der orthogonalen Geraden g und h. Dann gibt es zu jeder natürlichen Zahl n einen Punkt Q auf h und n paarweise verschiedene Punkte $P_1, P_2, \ldots, P_n$ auf g, für die gilt:

(1) Die Entfernung von S und Q ist eine ungerade Zahl > 1.
(2) Die betrachteten Punkte haben zueinander ganzzahlige Entfernungen.
(3) Für $i = 1, 2, 3, \ldots, n$ gilt: $\overline{P_iQ} - \overline{P_iS} > 1$.

Der Beweis wird durch vollständige Induktion geführt:

Für $n=1$ wähle man Q auf h und P auf g derart, daß $\overline{SQ} = 9$ und $\overline{P_1S} = 12$. Nach dem Satz des Pythagoras ist dann $\overline{P_1Q} = 15$; die Eigenschaften (1) bis (3) sind offenbar gegeben.

Zum Schluß von n auf n+1 betrachte man die gemäß Induktionsannahme existierende Figur. Setzt man $\overline{SQ}^2 = 2a + 1$, so ist a eine natürliche Zahl. Man wähle nun P_{n+1} auf g so, daß gilt $\overline{P_{n+1}S} = a$.

Mit Pythagoras folgt dann $\overline{P_{n+1}Q}^2 = \overline{SQ}^2 + a^2 = (a+1)^2$.

Der Punkt P_{n+1} ist wegen $\overline{P_{n+1}Q} - \overline{P_{n+1}S} = 1$ von allen schon vorhandenen Punkten P_i verschieden, und alle zu betrachtenden Entfernungen sind offensichtlich ganzzahlig. Durch Streckung der gesamten Figur mit Streckfaktor 3 und Zentrum S sowie Umbezeichnung - die Bildpunkte bei der Steckung werden mit dem Namen der Originalpunkte versehen - erhält man eine der Induktionsbehauptung gemäße Figur.

Bemerkung:
Die Behauptung der Aufgabe kann n i c h t in der Richtung verschärft werden, daß "n" durch "unendlich viele" ersetzt wird. Nach P. ERDÖS und E. TROST gilt nämlich:

"Hat eine unendliche Punktmenge die Eigenschaft, daß ihre Punktepaare ganzzahlige Distanzen aufweisen, so liegt sie ganz auf einer Geraden".

(Zitiert nach H. HADWIGER und H. DEBRUNNER, Kombinatorische Geometrie der Ebene. L'Enseignement Mathematique No 2, 1960).

Lösungen 1983 2. Runde

Aufgabe 1

Die nebenstehende Figur zeigt einen dreieckigen Billardtisch mit den Seiten a, b und c. Im Punkt S auf c befindet sich eine - als punktförmig anzunehmende - Kugel. Nach Anstoß durchläuft sie, wie in der Figur angedeutet, infolge Reflexion an a, b, a, b und c (in S) immer wieder dieselbe Bahn. Die Reflexion erfolgt nach dem Reflexionsgesetz.

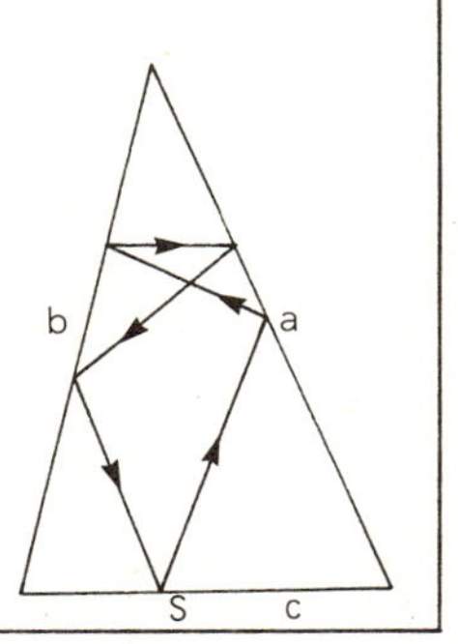

Man charakterisiere die Gesamtheit aller Dreiecke ABC, die eine solche Bahn zulassen, und bestimme die Lage von S.

Wie üblich seien die Winkel des Dreiecks mit α, β, γ bezeichnet. Genau dann läßt Dreieck ABC eine Bahn der angegebenen Art zu, wenn gilt:

$$\alpha < 90^\circ \ , \ \beta < 90^\circ \ , \ \gamma < 45^\circ \ .$$

Der Punkt S ist der Höhenfußpunkt auf AB, und der Abstoßwinkel (gegen die Strecke SB) beträgt 2γ.

Beweis

Zunächst wird gezeigt, daß die angegebenen Bedingungen notwendig sind. Es gebe also im Dreieck ABC eine Bahn der angegebenen Art.

Die Punkte, in denen die Kugel die Dreiecksseiten trifft, seien in der durchlaufenen Reihenfolge T, U, V, W, S.

Durch Spiegelung an BC erhält man Dreieck A_1BC. Spiegelt man dieses an A_1C, erhält man Dreieck A_1B_1C. Dieses wird an B_1C zu Dreieck A_2B_1C gespiegelt; das letztgenannte geht durch Spiegelung an A_2C in Dreieck A_2B_2C über. Gemäß dem Reflexionsgesetz kann man den Weg der Kugel im Dreieck ABC wie auf der folgenden Seite dargestellt angeben, wobei die durch Spiegelung entstandenen Dreiecke entsprechend zu identifizieren sind. Dies wird bezeichnungstechnisch jeweils durch die Verwendung der gleichen Buchstaben deutlich gemacht.

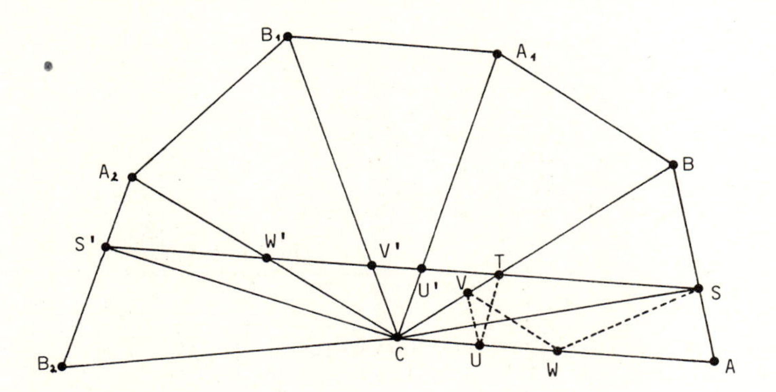

Es wird zunächst gezeigt, daß CS senkrecht zu AB ist: Da Dreieck SS'C gleichschenklig ist, sind die spitzen Winkel CSS' und CS'S kongruent.

Andererseits sieht man bei entsprechender Identifizierung der Dreiecke ABC und $A_2B_2C_2$ die Kongruenz der Winkel W'S'C und WSC.

Da der Ball auch in S nach dem Reflexionsgesetz zurückgestoßen wird, muß CS senkrecht auf AB stehen.

S ist also der Fußpunkt des Lotes durch C im Dreieck ABC.

Da der Lotfußpunkt auf AB liegt, sind die Winkel α und β kleiner als 90° .

Die Größe des Winkels TSB sei mit δ bezeichnet. Für die Winkelsumme im Sechseck $SA_1B_1A_2S'$ ergibt sich durch Betrachtung der Zusammensetzung durch die Teildreiecke

$$720° = \delta + 2\beta + 2\alpha + 2\beta + 2\alpha + \delta, \quad \delta = 2(180° - \alpha - \beta),$$

also wegen $\gamma = 180° - \alpha - \beta$: $\delta = 2\gamma$.

Da die Kugel zuerst die Seite BC trifft, ist $\delta < 90°$ und daher $\gamma < 45°$.

Zu zeigen ist nun noch, daß die Kugel unter den angegebenen Bedingungen für Dreieck ABC beim Stoß von S aus (in Richtung S') tatsächlich die geforderte Bahn durchläuft.

Im Sechseck $SBA_1B_1A_2S'$ ergibt sich wie oben als Größe des Winkels bei S (und des Winkels bei S') $2\gamma < 90°$, so daß SS' die Strecke CB und ferner die Strecken CA_1 , CB_1 und CA_2 trifft. Die Übertragung dieser Schnittpunkte in das Ausgangsdreieck liefert die geforderte Bahn.

Lösung 2

Es wird zunächst wieder (zur Herleitung notwendiger Bedingungen) die Existenz einer Bahn der behaupteten Art angenommen. A,B,C,T,U,V,W seien wie zuvor, die Winkelgrößen ε, $\varkappa$, λ und μ (die sogenannten Glanzwinkel der Reflexion) seien gemäß der Skizze rechts erklärt. Wiederholte Anwendung des Satzes über die Winkelsumme im Dreieck liefert:

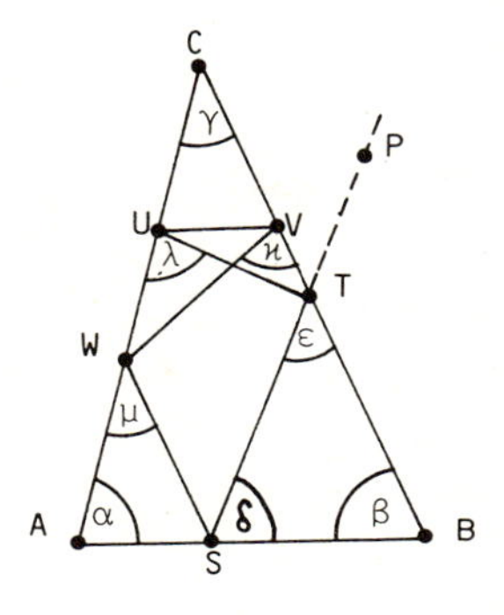

$$
\begin{aligned}
\alpha + \beta + \gamma &= 180^\circ \\
\beta + \delta + \varepsilon &= 180^\circ \\
\alpha + \delta + \mu &= 180^\circ \\
\gamma + \varkappa + \lambda &= 180^\circ \\
\gamma + \varepsilon + 180^\circ - \lambda &= 180^\circ \\
\gamma + 180^\circ - \varkappa + \mu &= 180^\circ \quad .
\end{aligned}
$$

Für die Glanzwinkel ergibt sich aus diesem Gleichungssystem

$$\delta = 2\gamma \ , \quad \varepsilon = \alpha - \gamma \ , \quad \varkappa = \beta, \quad \lambda = \alpha \ , \quad \mu = \beta - \gamma \quad .$$

Da die Glanzwinkel spitz sind, muß weiterhin gelten

$$\alpha(=\lambda) < 90^\circ \ , \ \beta(=\varkappa) < 90^\circ \quad \text{und} \quad \gamma(=\delta/2) < 45^\circ \ .$$

Es fehlt noch der Nachweis, daß S der Fußpunkt der Höhe durch C ist.

P sei (s. Skizze) ein beliebiger Punkt auf (ST), der durch T von S getrennt wird. Wegen der Reflexionseigenschaft ist (CB) eine Winkelhalbierende von UTP; C hat also von den Geraden (ST) und (TU) den gleichen Abstand. Die entsprechende Überlegung für den Reflexionspunkt U liefert, daß C von (UT) und (UV) gleichen Abstand hat. Entsprechend erhält man Gleichheit der Abstände des Punktes C von (UV), von (VW) und von (WS).

Insbesondere ergibt sich also, daß C von (ST) und (SW) gleichen Abstand hat; (CS) ist mithin eine Winkelhalbierende von TSW. Da (AB) die andere Halbierende dieses Winkels ist, steht (CS) senkrecht auf (AB). Damit ist S als Fußpunkt des Lotes von C auf AB nachgewiesen.

Nachfolgend wird gezeigt, daß die Bedingungen auch hinreichend sind. Hierzu seien die Winkelgrößen α, β und γ vorgegeben mit

$$\alpha + \beta + \gamma = 180^\circ \ , \ \alpha < 90^\circ \ , \ \beta < 90^\circ \ , \ \gamma < 45^\circ \ .$$

Es reicht nun, die Existenz einer Bahn der angebenen Art in einem Dreieck mit diesen Winkeln nachzuweisen, da sich daraus (durch Streckung) die entsprechende Bahn in jedem hierzu ähnlichen Dreieck ergibt.

Es sei UVC ein Dreieck mit den Winkeln α, β, γ, so daß sich mit $\lambda = \alpha$ und $\varkappa = \beta$ gerade die Situation im oberen Dreieck der Figur auf der vorhergehenden Seite ergibt. Durch Reflektieren von (UV) an der Seite CU wird eine Gerade erhalten. Diese schneidet wegen $\gamma < \lambda$, also $180° - \lambda + \gamma < 180°$, die Gerade (CV), wobei der Schnittpunkt T nicht auf der Strecke CV liegt und der Schnittwinkel $\varepsilon = \alpha - \gamma$ ist.

Entsprechend erhält man durch Reflexion von (UV) an CV einen Punkt W auf (CU) und den Schnittwinkel $\mu = \beta - \gamma$.

Durch je eine weitere Reflexion in den Punkten T und W und anschließendes Schneiden wird ein Punkt S erhalten. Zieht man nun durch S eine Parallele zu UV, so erhält man ein Dreieck ABC mit den gegebenen Winkeln α, β, γ, welches mit einer Bahn versehen ist. Hierzu ist nur noch zu zeigen, daß die Glanzwinkel bei S gleich sind, also auch hier Reflexion längs der Bahn stattfindet. Bezeichnet man die Größen der Winkel mit δ_1 und δ_2, so gilt:

$$\delta_1 = 180° - \alpha - \mu = 180° - \alpha - \beta + \gamma = 2\gamma, \quad \delta_2 = 180° - \beta - \varepsilon = 180° - \beta - \alpha + \gamma = 2\gamma.$$

Damit ist der Beweis vollständig erbracht.

Lösung 3

Zur Herleitung der n o t w e n d i g e n Bedingungen wird zunächst wieder von der Existenz einer entsprechenden Bahn in einem Dreieck ABC ausgegangen. Die Reflexionspunkte seien wie in Lösung 1 mit S, T, U, V, W bezeichnet.

Damit die von V kommende und in U reflektierte Kugel die Seite AC treffen kann, ist es notwendig, daß von den Stufenwinkeln BVW und BCW der letztgenannte der kleinere ist. Insbesondere muß daher Winkel ACB kleiner als ein rechter sein.

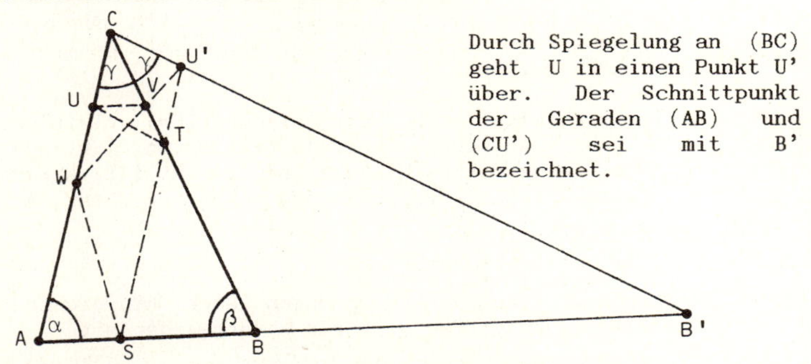

Durch Spiegelung an (BC) geht U in einen Punkt U' über. Der Schnittpunkt der Geraden (AB) und (CU') sei mit B' bezeichnet.

Wegen der Reflexionsbedingung sind dann die Winkel STU' und WVU' gestreckt. Deutet man Dreieck SU'W als Bahn einer Kugel im Dreieck AB'C, so erfüllt diese gemäß Voraussetzung die Reflexionsbedingung in den Punkten S, U' und W. Dann müssen S, U' und W die Höhenfußpunkte im Dreieck AB'C sein. Ein Nachweis dieser (bekannten) Eigenschaft ist im Anhang zu Lösung 3 angegeben.

Da alle Höhen im Inneren des Dreiecks AB'C verlaufen, muß dieses Dreieck spitzwinklig sein. Da aus $2\gamma < 90°$ folgt $\gamma < 45°$, hat man:

(*) $\gamma < 45°$, $\alpha < 90°$, $\beta < 90°$, S ist Höhenfußpunkt im Dreieck ABC.

Es wird nun gezeigt, daß diese Bedingungen auch h i n r e i c h e n d für die Existenz einer Bahn der verlangten Art sind.

Ist Dreieck ABC mit den unter (*) angegebenen Eigenschaften vorgegeben, so gehe man zu Dreieck AB'C über, wobei B' auf (AB) liegt und der Winkel B'CA die Größe 2γ hat. Dieses Dreieck ist offensichtlich spitzwinklig. Man bezeichne die Höhenfußpunkte im Dreieck AB'C mit S, U', V .

Dreieck SU'V stellt dann eine dem Reflexionsgesetz genügende Bahn im Dreieck AB'C dar; der Beweis wird ebenfalls im Anhang gegeben.

Durch (Zurück-)Spiegeln des in Dreieck CBB' liegenden Teils der Bahn wird die gewünschte Bahn im Dreieck ABC erhalten; die Reflexionseigenschaften sind offensichtlich erfüllt.

Anhang zu Lösung 3

Sind A, B, C, S, T, U paarweise verschiedene Punkte, wobei A, B und C die Ecken eines Dreieck sind und S auf AB, T auf BC und U auf CA liegt, so sind die beiden folgenden Aussagen äquivalent:

(1) (STB,CTU), (TUC,AUS) und (USA,BST) sind drei Paare kongruenter Winkel.

(2) Dreieck ABC ist spitzwinklig und S, T, U sind seine Höhenfußpunkte.

Aus (1) folgt (2), denn:

Es genügt nachzuweisen, daß z.B. S Höhenfußpunkt ist, da die Behauptung durch zyklisches Vertauschen in eine äquivalente übergeht.

Man wähle auf (ST) einen Punkt P und auf (SU) einen Punkt Q so, daß (SP) von T und (SQ) von U getrennt wird. C liegt auf der Halbierenden des Winkels PTU und auf der Halbierenden des Winkels TUQ. C hat also einerseits gleiche Abstände von (ST) und (UT), andererseits gleiche Abstände von (UT) und (SU). Da somit die Abstände des Punktes C von (SU) und von (ST) gleich sind, liegt C auf der Halbierenden des Winkels TSU. Da (AB) die Halbierende der Nebenwinkel ist, muß CS senkrecht auf AB stehen. Somit ist S Lotfußpunkt.

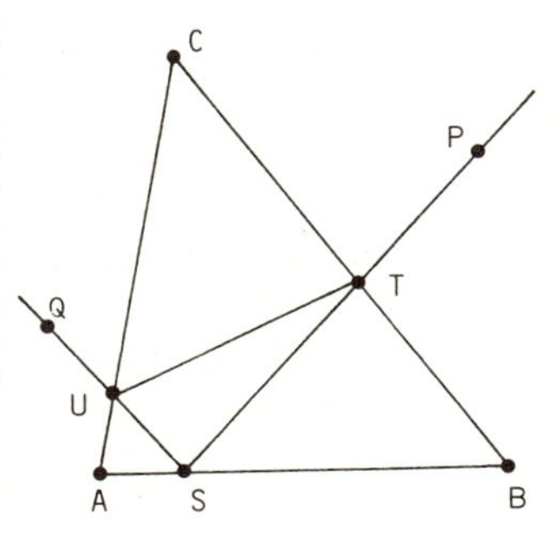

Da alle drei Lote im Inneren des Dreiecks verlaufen, ist Dreieck ABC spitzwinklig.

Aus (2) folgt (1), denn:

STU sei das Fußpunktdreieck im spitzwinkligen Dreieck ABC. Es genügt, für eines der drei genannten Winkelpaare die Kongruenz nachzuweisen, z.B. für die Winkel USA und BST. Der Höhenschnittpunkt sei mit H bezeichnet.

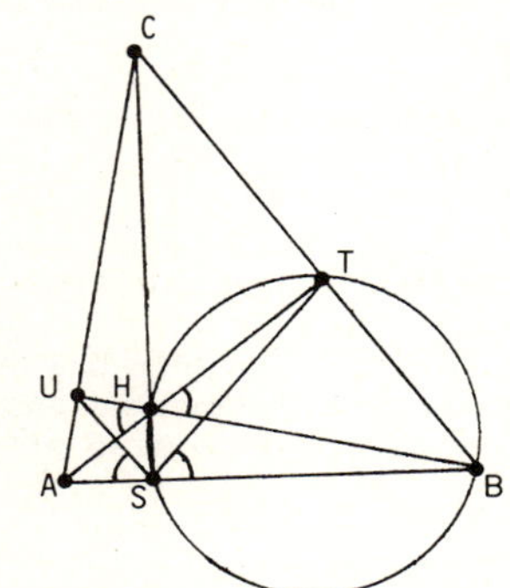

Viereck SBTH ist ein Sehnenviereck, da sich die die Größen der gegenüberliegenden (rechten) Winkel BSH und HTB auf 180° ergänzen. Die Winkel BST und BHT haben daher als Umfangswinkel über der gleichen Sehne die gleiche Größe. Entsprechend ergibt sich durch Betrachtung des Vierecks ASHU die Kongruenz der Winkel USA und UHA. Da nun die Winkel BHT und UHA als Scheitelwinkel kongruent sind, erhält man die behauptete Kongruenz der Winkel USA und BST.

Aufgabe 2

Zwei Personen A und B machen folgendes Spiel: Sie nehmen aus der Menge $\{0,1,2,3,\dots,1024\}$ abwechselnd 512, 256, 128, 64, 32, 16, 8, 4, 2, 1 Zahlen weg, wobei A zuerst 512 Zahlen wegnimmt, B dann 256 Zahlen usw. . Es bleiben zwei Zahlen a, b stehen ($a<b$). B zahlt an A den Betrag $b-a$. A möchte möglichst viel gewinnen, B möglichst wenig verlieren.

Welchen Gewinn erzielt A, wenn jeder Spieler seiner Zielsetzung entsprechend optimal spielt ? Das Ergebnis ist zu begründen.

Vorbereitende Definitionen:

Wir betrachten zunächst zu einer vorgelegten endlichen, mindestens zweielementigen Menge M natürlicher Zahlen die Menge P der Beträge aller Differenzen zweier verschiedener Elemente aus M:

$$P := \{\,|a-b| \;\mid\; a,b\in M \text{ und } a \neq b\}\ .$$

Das Maximum von P wird als Durchmesser d(M), das Minimum von P als Weite w(M) bezeichnet.

Ist M' eine mindestens zweielementige Teilmenge von M, so gilt offensichtlich:

$$w(M) \leq w(M') \leq d(M') \leq d(M)\ ,$$

da die entsprechende Menge P' Teilmenge von P ist und bei Verkleinerung der Konkurrenzmenge P zu P' das Maximum nicht größer und das Minimum nicht kleiner werden kann.

Lösung

Im angegebenen Spiel bestehen die Züge von A und B darin, daß eine (2k+1)-elementige Menge X durch Entfernung von k Elementen auf eine Menge X' mit k+1 Elementen reduziert wird; dabei geschieht dies bei A für $k=2^n$ mit n = 9,7,5,3,1 und bei B für $k=2^n$ mit n = 8,6,4,2,0 .

Es werden nun zwei spezielle derartige Züge betrachtet, die nachfolgend als 'w-Züge' bzw. 'd-Züge' bezeichnet werden. Die vorgegebene Menge sei

$$X = \{c_0, c_1, \ldots, c_{2k}\} \text{ mit } c_i < c_{i+1} \text{ für } i = 0, 1, 2, \ldots, 2k .$$

Bei einem w-Zug werden aus X alle Elemente c_i mit ungeradem i entfernt; das sind k Elemente.

In der verbleibenden Menge X' seien nun c_{2i} und c_{2i+2} $(0 \leq i \leq k-1)$ Elemente mit minimalem Abstand; dann gilt:

$$w(X') = c_{2i+2}-c_{2i} = (c_{2i+2}-c_{2i+1})+(c_{2i+1}-c_{2i}) \geq w(X)+w(X) = 2w(X)$$

Bei einem w-Zug wird also die Weite mindestens verdoppelt.

Das arithmetische Mittel von c_0 und c_{2k} sei m. Setzt man

$$K := \{ x \in X \mid x \leq m \}, \quad S := \{x \in X \mid x > m \},$$

so zerlegt man X in zwei disjunkte Mengen, die nicht beide mehr als k Elemente enthalten können, da X sonst mindestens 2k+2 Elemente enthielte. Es ist also möglich, durch Entfernen von weniger als k+1 Elementen von X zu $X \cdot K$ oder zu $X \cdot S$ überzugehen. Falls hierbei weniger als k Zahlen entfernt wurden, werden noch beliebige weitere Elemente entfernt, bis die verbleibende Restmenge X' nur noch aus k+1 Elementen besteht. Dieses Vorgehen werde als 'd-Zug' bezeichnet. Da gilt

$$d(X) = c_{2k}-c_0 = 2(m-c_0) = 2(c_{2k}-m) \geq 2d(X'),$$

wird durch einen d-Zug der Durchmesser von X mindestens halbiert.

Besteht nun die Strategie von A darin, daß seine fünf Züge alle w-Züge sind, so verdoppelt er fünfmal die Weite der ihm vorgelegten Menge. Da die Weite zu Beginn 1 beträgt und eine Verringerung der Weite durch einen zulässigen Zug nicht möglich ist, erreicht A, daß die zuletzt verbleibende Menge {a,b} (a<b) mindestens die Weite $2^5 = 32$ hat. Er erzwingt also $b - a \geq 32$ und sichert sich damit einen Betrag von mindestens 32.

B kann somit nicht verhindern, daß er an A mindestens den Betrag 32 zahlen muß. Er kann jedoch erreichen, daß er keinen höheren Betrag verliert, indem er nur d-Züge ausführt. Der Durchmesser der Ausgangsmenge {0,1,2,...,1024} beträgt 1024-0 = 1024. Da bei jedem d-Zug von B der Durchmesser mindestens halbiert wird (und durch keinen zulässigen Zug vergrößert werden kann), erreicht B, daß für die zuletzt verbleibende Menge {a,b} (a<b) gilt:

$$d(\{a,b\}) \leq 1024/32.$$

Er erzwingt also $b - a \leq 32$.

Bei beiderseits optimalem Spiel beträgt also der von A erzielte Gewinn 32.

Aufgabe 3

Im Inneren eines Fünfecks liegen k Punkte. Sie bilden zusammen mit den Eckpunkten des Fünfecks eine (k+5)-elementige Menge M.

Die Fläche des Fünfecks sei durch Verbindungslinien zwischen den Punkten von M derart in Teilflächen zerlegt, daß keine Teilfläche in ihrem Inneren einen Punkt von M enthält und auf dem Rand jeder Teilfläche genau drei Punkte von M liegen. Keine der Verbindungslinien hat mit einer anderen Verbindungslinie oder mit einer Fünfeckseite einen Punkt gemeinsam, der nicht zu M gehört.

Kann bei einer solchen Zerlegung des Fünfecks von jedem Punkt von M eine gerade Anzahl von Verbindungslinien (hierzu zählen auch die Fünfeckseiten) ausgehen? Die Antwort ist zu begründen.

Antwort: Es ist nicht möglich, daß bei einer solchen Zerlegung von jedem Punkt von M eine gerade Anzahl von Verbindungslinien ausgeht.

Lösung 1

U sei die Menge aller endlichen ebenen Graphen ohne isolierte Knoten, die einen umrandenden Kantenzug der Länge 5 haben, und für die gilt:

- Jede Fläche des Graphen (außer der Fläche außerhalb) ist ein Dreieck, d.h. sie wird von einem geschlossenen Kantenzug aus genau drei Kanten umrandet.
- Der Grad jedes Knotens ist gerade, d.h. von jedem Knoten geht eine gerade Anzahl von Kanten aus.

Nachfolgend wird gezeigt, daß die Annahme $U \neq \emptyset$ zum Widerspruch führt.

H sei ein Graph in U, k die Anzahl seiner inneren Knoten. Dann muß gelten: $k > 0$, denn sonst wäre H isomorph zu dem rechts angegebenen Graphen; bis auf Isomorphie gibt es bei k=0 offenbar keine andere Möglichkeit zur angegebenen Zerlegung in Dreiecke. Da hier aber zwei Knoten mit ungeradem Grad auftreten, liegt dieser Graph nicht in U.

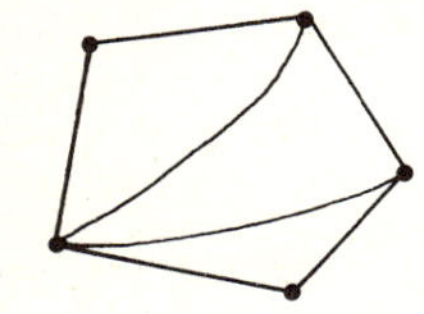

Das Minimum der Anzahlen innerer Knoten bei Graphen in U sei m. G sei ein Graph in U mit m inneren Knoten (m>0).

Wir betrachten nun einen inneren Knoten von G und bezeichnen ihn mit w. Da w nicht isoliert ist, gibt es weitere Knoten, die mit w durch eine Kante verbunden sind; ein solcher Knoten sei ausgewählt und mit x_1 bezeichnet.

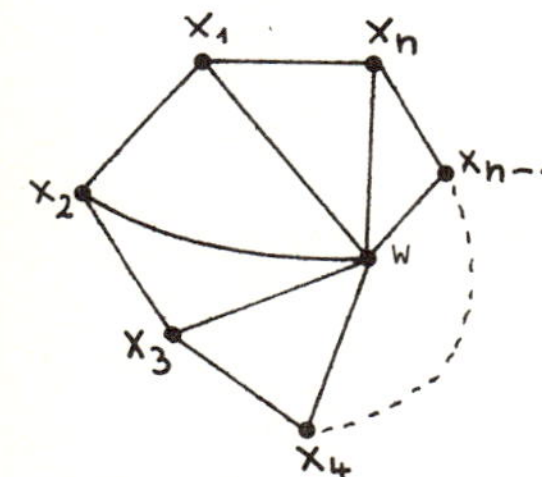

Die Anzahl n der von w ausgehenden Kanten ist gerade; diese Kanten seien - beginnend mit wx_1 - im Gegenuhrzeigersinn durchnumeriert; entsprechend der Numerierung werden die von w verschiedenen Endknoten dieser Kanten mit x_1, x_2, ... x_n bezeichnet. Da w innerer Knoten ist, ist keine der Kanten wx_i ($1 \leq i \leq n$) eine Außenkante. G enthält mithin die Kanten x_1x_2, x_2x_3, ..., $x_{n-1}x_n$, x_nx_1 .

Die Kanten x_nx_1 und x_1x_2 können nicht beide Außenkanten sein, da sonst der Grad von x_1 ungerade (= 3) wäre. OBdA (sonst numeriere man zyklisch um) sei x_nx_1 eine Innenkante. Dann gehört sie nicht nur zum Dreieck x_1x_nw, sondern zu einem zweiten Dreieck x_nx_1z. Die nachfolgende Reduktion betrifft ausschließlich Rand und Inneres des (n+1)-Ecks $zx_1x_2x_3 \dots x_n$.

1) Man streiche den Knoten w und alle von w ausgehenden Kanten.

2) Man streiche die Kante x_nx_1 .

3) Man verbinde z durch Kanten mit den Knoten $x_2, x_3, \dots, x_{n-1}$.

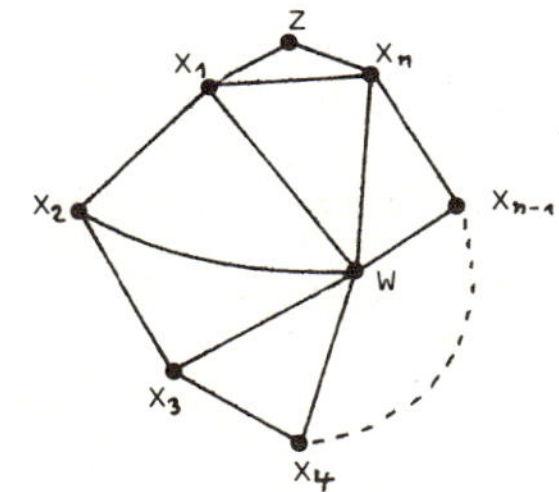

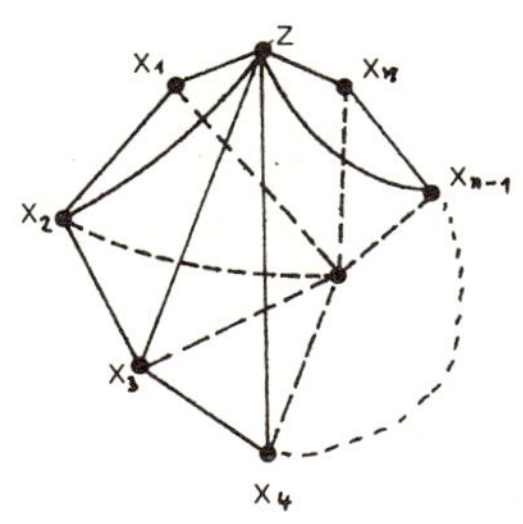

Damit ist folgendes erreicht:

a) Die Fläche innerhalb des (n+1)-Ecks $zx_1x_2 \dots x_n$ ist wieder in Dreiecke eingeteilt.

b) Die Knotengrade von x_n und x_1 sind um 2 vermindert, also wieder gerade. Die Knoten x_n und x_1 sind mit z verbunden, somit nicht isoliert.

c) Die Knotengrade von x_2 , x_3 , ..., x_n sind nicht verändert.

d) Der Knotengrad von z ist um n-2 vergrößert, also immer noch gerade.

Der durch die Reduktion erhaltene Graph G' liegt also ebenfalls in U. Da aber die Anzahl seiner inneren Knoten m-1 ist, ergibt sich der gewünschte Widerspruch zur Definition von m als Minimalzahl.

Lösung 2

U sei (ähnlich Lösung 1) die Menge aller endlichen ebenen Graphen ohne isolierte Knoten, die einen umrandenden Kantenzug der Länge 5 haben, und für die gilt:

- Jede Fläche des Graphen (außer der Fläche außerhalb) ist ein 3n-Eck, d.h. die Anzahl der die Fläche umrandenden Kanten ist durch drei teilbar. Dabei ist die natürliche Zahl n nicht notwendig eine Konstante, sondern kann bei verschiedenen Flächen verschieden sein.

- Der Grad jedes Knotens ist gerade, d.h. von jedem Knoten geht eine gerade Anzahl von Kanten aus.

Wäre die Frage der Aufgabe zu bejahen, so wäre U nicht leer. Nachfolgend wird gezeigt, daß sich aus $U \neq \emptyset$ ein Widerspruch ergibt.

H sei ein Graph in U, k die Anzahl seiner inneren Knoten. Dann muß gelten: $k > 0$, wie in Lösung 1 gezeigt wurde.

x sei ein innerer Knoten, y ein mit x durch eine Kante verbundener Knoten. Dann ist die Kante xy keine Außenkante. Da von den inneren Knoten keine Außenkanten, von den Randpunkten auf dem Fünfeck je genau zwei Außenkanten ausgehen, ist für jeden Knoten die Anzahl der ausgehenden Innenkanten gerade. Daher muß von y eine von yx verschiedene Innenkante xz ausgehen. Durch Iteration und Markierung der benutzten Knoten und Kanten erhält man einen Kantenzug, der wegen der Endlichkeit schließlich auf einen bereits markierten Knoten treffen muß. Der Abschnitt des konstruierten Kantenzuges, der von diesem Knoten zu diesem Knoten führt, ist seinerseits ein Kantenzug k, der geschlossen und überschneidungsfrei ist und keine Außenkanten enthält.

Man betrachte einen beliebigen Punkt P im Inneren des von dem Kantenzug k umrandeten Gebiets; P liege auf keiner Kante und sei kein Knoten. Die Fläche des P umgebenden 3n-Ecks färbe man rot. Dann enthält das rote Vieleck keine Außenkanten. Die Flächen aller Vielecke, die mit dem roten Vieleck gemeinsame Kanten haben, werden blau gefärbt. Man lösche nun die Kanten des roten Vielecks; dann bilden alle blauen Flächen und die rote Fläche die Fläche eines 'großen' Vielecks.

Da jedes blaue Vieleck eine durch drei teilbare Anzahl an Kanten beigesteuert hat, und eine durch drei teilbare Anzahl von Kanten gelöscht wurde, hat das entstandene blau/rote Vieleck eine durch drei teilbare Kantenzahl. Von jedem Knoten geht weiterhin eine gerade Anzahl von Kanten aus, da alle Knotengrade um 0 bzw. 2 vermindert wurden und vorher gerade waren.

Die Anzahl der Kanten ist verringert worden, es ist also gezeigt, daß es zu jedem Graphen H aus U einen Graphen aus U mit kleinerer Kantenzahl gibt, also keinen mit minimaler Kantenzahl. Da U keine unendlichen Graphen enthält, muß U leer sein. Es gibt also keinen Graphen der angegebenen Art.

Lösung 3

Unter einem 'ausgezeichneten' Graphen verstehen wir einen endlichen ebenen Graphen, dessen Flächen alle (im graphentheoretischen Sinne) Dreiecke sind und bei dem von jedem Knoten eine gerade Anzahl von Kanten ausgeht. Ein solcher Graph kann keine Kante enthalten, die nicht zu mindestens einer Dreiecksfläche gehört. Denn enthielte der Graph eine derartige 'Brücke' mit den Endknoten a und b, enthielte nach Entfernung der Kante ba die Zusammenhangskomponente, zu der b gehört, genau einen Knoten, von dem eine ungerade Anzahl von Kanten ausgeht. Die Anzahl solcher Knoten in einem Graphen ist aber bekanntlich stets gerade.

Jede Kante eines ausgezeichneten Graphen gehört daher mindestens zu einer Dreiecksfläche des Graphen. Die Kanten, die zu genau einer Dreiecksfläche gehören, werden nachfolgend als Außenkanten, die anderen als Innenkanten bezeichnet.

Wir nehmen an, es gebe ausgezeichnete Graphen, deren Kantenanzahl kein Vielfaches von 3 ist. Unter diesen betrachten wir einen mit minimaler Kantenanzahl k. Es sei a die Anzahl seiner Außenkanten, i die Anzahl seiner Innenkanten, f die Anzahl der Dreiecksflächen. Der 'leere Graph' hat eine durch 3 teilbare Kantenanzahl; es ist also $a>0$. Da zu jedem Dreieck drei Kanten gehören und bei einer entsprechenden Abzählung die Innenkanten doppelt gezählt werden, gilt:

$$(*) \qquad a + 2i = 3f .$$

Entfernt man bei einem ausgezeichneten Graphen mit i Innen- und a Außenkanten alle Außenkanten, so gilt für den entstehenden Graphen:

- Von allen Knoten geht eine gerade Anzahl von Kanten aus.
- Alle Flächen des Graphen sind Dreiecke.

Der entstehende Graph ist also wieder ausgezeichnet. Seine Kantenzahl ist i. Aufgrund der Kantenminimalität des Ausgangsgraphen ist wegen $i < k$ die Kantenanzahl i durch 3 teilbar. Dann ist aber wegen (*) auch a durch 3 teilbar. Hieraus folgt aber wegen $k = a + i$, daß auch k durch 3 teilbar ist, was im Widerspruch zur obigen Annahme steht.

Die Kantenanzahl eines ausgezeichneten Graphen ist also stets durch 3 teilbar; wegen (*) ist auch die Anzahl der Außenkanten stets durch 3 teilbar, sie kann also nicht fünf betragen.

Die Frage in der Aufgabenstellung ist mithin zu verneinen.

Lösung 4

Die Annahme, die Frage in der Aufgabenstellung wäre zu bejahen, wird nachfolgend zum Widerspruch geführt. Es möge ein entsprechend eingeteiltes Fünfeck vorliegen; die Zeichnung wird als Karte mit den Verbindungslinien als Grenzen gedeutet.

Wir benutzen den Zweifarbensatz, der folgendes besagt: Eine Karte kann mit zwei Farben genau dann regulär gefärbt werden, wenn von jedem ihrer Knoten eine gerade Anzahl von Grenzen ausgeht.

Die Dreiecke des Graphen seien regulär rot/grün gefärbt. OBdA sei eines der am Rand liegenden Dreiecke rot. Dann sind alle Randdreiecke rot, da man von einem Randdreieck zum nächsten durch die Überschreitung einer geraden Zahl von Kanten gelangt. Es seien r rote und g grüne Dreiecke. Dann hat der Graph einerseits 3r Kanten, andererseits 3g+5 Kanten. Die Kantenzahl ist also durch 3 teilbar und läßt gleichzeitig bei Division durch 3 den Rest 2. Das ist der gewünschte Widerspruch.

Aufgabe 4

Für eine Folge $f(0), f(1), f(2), \ldots$ gilt:

$$f(0)=0 \text{ und } f(n) = n-f(f(n-1)) \text{ für } n=1,2,3,\ldots .$$

Man gebe eine Formel an, mit deren Hilfe man für jede natürliche Zahl n den Wert f(n) unmittelbar aus n und ohne Berechnung vorangegangener Folgenglieder bestimmen kann.

Hinweis: Ein Lösungsweg verwendet die auf $\mathbb{R}$ definierte GAUß-Funktion [..] . Dabei bezeichnet [x] die größte ganze Zahl, die nicht größer als x ist.

Lösung 1, Lösung 2 (gemeinsamer Teil)

Man setze

$$w := (\sqrt{5} - 1)/2 \text{ ; dann gilt } w^2 + w = 1 .$$

Man definiere für $n = 0,1,2,3,\ldots$

$$g(n) := [(n+1)w] .$$

Für $n = 0,1,2,3$ gilt dann $f(n) = g(n)$.

$$g(0) = [w] = 0 \quad (\text{ denn } w = 0{,}61..).$$

Es bleibt also zu zeigen, daß für $n = 1,2,3,\ldots$ gilt

$$(*) \quad g(n) = n - g(g(n-1)).$$

Lösung 1 (fortgesetzt)

Die natürliche Zahl n sei fest (aber beliebig) gewählt.

Es sei k festgelegt durch $k := [nw]$.

Dies bedeutet

$$k \leq nw < k+1 ,$$

also $k < nw < k+1$,

da nw irrational und daher verschieden von k ist. Durch Addition von w erhält man

$$k+w < (n+1)w < k+1+w .$$

Somit gilt wegen der Irrationalität von $w(n+1)$ eine der beiden folgenden zweifachen Ungleichungen:

$$(1)\quad k+w < w(n+1) < k+1 ,$$

bzw.

$$(2)\quad k+1 < w(n+1) < k+1+w .$$

Je nach Gültigkeit von (1) oder (2) werden nachfolgend zwei Fälle unterschieden. Der Kehrwert von w wird mit v bezeichnet, so daß man hat:

$vw = 1$, sowie (– wie sofort nachzurechnen –) $v = 1+w$.

Hiervon wird bei den nachfolgenden Umformungen Gebrauch gemacht.

Fall 1:

Aus (1) erhält man durch Multiplikation mit v und anschließende elementare Umformungen nacheinander die folgenden Ungleichungsketten:

$$kv+1 < n+1 < kv+v ,$$

$$k+kw+1 < n+1 < kw+k+1+w ,$$

$$k+kw < n < w(1+k)+k.$$

Aus der letzten Zeile gewinnt man die beiden Ungleichungen

$w(1+k) < n-k+w$ und $n-k < w(1+k)$

und daraus

$$n-k < w(1+k) < n-k+w ,$$

also $[w(1+k)] = n-k$.

Somit ist $k = n - [w(1+k)]$, also (da wegen (1) $k = [w(n+1)]$):

$[w(n+1)] = n - [w(1+ [wn])]$; mithin gilt (*) .

Fall 2:

Aus (2) ergibt sich $[w(n+1)] = k+1$. Durch Multiplikation von (2) mit v und anschließende elementare Umformungen erhält man nacheinander

$$w+k+kw+1 < n+1 < (k+1)(1+w)+1,$$

$$w+k+kw < n < k+kw+w+1.$$

Hieraus ergeben sich die beiden Ungleichungen

$$w(1+k) < n-k \quad \text{und} \quad n-k-1 < w(1+k),$$

somit gilt $n-k-1 < w(1+k) < n-k$,

also $[w(1+k)] = n-k-1$,

$$k+1 = n - [w(1+k)] ,$$

$$[w(n+1)] = n - [w(1+ [wn])] .$$

Auch in Fall 2 gilt daher (*), so daß der Nachweis von (*) damit vollständig erbracht ist.

Lösung 2 (fortgesetzt)

Die Fibonacci-Folge $u(1),u(2),u(3),...$ ist durch die rekursive Definition

$$u(0)=0,\ u(1)=1 \text{ und } u(n)=u(n-1)+u(n-2) \text{ für } n=2,3,4,...$$

festgelegt. Für natürliches n setze man abkürzend

$t(n) := (-1)^{n-1}w^n$. Dann gilt (1) - (4) mit:

(1) $u(n)\cdot w = u(n-1) + t(n)$ für $n=1,2,3,...$.

(2) Jede natürliche Zahl läßt sich als Summe paarweise verschiedener Fibonacci-Zahlen darstellen, d.h. für jedes $n \in N$ gibt es ein $r \in N$ und Indizes n_i $(1 \leq i \leq r)$ mit $1<n_1<n_2<...<n_r$, so daß gilt:

$$n = u(n_1) + u(n_2) + ...+ u(n_r).$$

(3) Sind $n_1,n_2,...,n_r$ $(r \in N)$ natürliche Zahlen mit

$$1 < n_1 < n_2 < ... < n_r$$

und setzt man $s := t(n_1) + t(n_2) +...+ t(n_r)$,

so gilt: $-w < s < 1-w$.

(4) Für den gemäß (3) erklärten Wert s gilt:

$$[-s/w + [s]w + w] = 0 .$$

Die Beweise zu (1) bis (4) werden am Ende der Lösung gegeben.

Sei nun für $n \in \mathbb{N}$ eine Darstellung gemäß (2) gegeben:

$$n = u(n_1)+u(n_2)+\ldots+u(n_r) ,$$

dann gilt nach (1):

$$nw = u(n_1-1)+u(n_2-1)+\ldots+u(n_r-1) + t(n_1)+t(n_2)+\ldots+t(n_r).$$

Unter Beachtung von (3) erhält man daraus

$$[nw+w] = u(n_1-1)+u(n_2-1)+\ldots+u(n_r-1),$$

also $g(n) = u(n_1-1)+u(n_2-1)+\ldots+u(n_r-1)$.

Weiterhin ist (mit den Bezeichnungen gemäß (1) - (4))

$$\begin{aligned}
g(g(n-1)) &= g([nw]) \\
&= g([u(n_1-1)+u(n_2-1)+\ldots+u(n_r-1)+s]) \\
&= [[u(n_1-1)+u(n_2-1)+\ldots+u(n_r-1)+s]w + w] \\
&= [(u(n_1-1)+u(n_2-1)+\ldots+u(n_r-1))w + [s]w + w] \\
&= u(n_1-2)+u(n_2-2)+\ldots+u(n_r-2) + [-s/w+[s]w+w] \\
&= u(n_1-2)+u(n_2-2)+\ldots+u(n_r-2) \\
&= u(n_1)-u(n_1-1) + u(n_2)-u(n_2-1) + \ldots + u(n_r)-u(n_r-1) \\
&= u(n_1)+u(n_2)+\ldots+u(n_r) - u(n_1-1)-u(n_2-1)-\ldots-u(n_r-1) \\
&= n - g(n).
\end{aligned}$$

Zum Abschluß der Lösung sind nur noch die Beweise zu (1) bis (4) nachzutragen.

Zu (1): Der Beweis wird durch Induktion geführt.

Wegen $u(0) + t(1) = 0 + w^1 = w = u(1)w$

und $u(1) + t(2) = 1 - w^2 = w = u(2)w$

hat man zunächst die Richtigkeit von (1) für $n=1$ und $n=2$.

Aus $-w + 1 = w^2$

erhält man durch Multiplikation mit $(-1)^n \cdot w^{n-1}$ $(n \in \mathbb{N})$:

$$t(n) + t(n-1) = t(n+1) .$$

Damit läßt sich der Induktionsbeweis zu (1) abschließen:

$$\begin{aligned}
u(n+1)w &= u(n-1)w + u(n)w \\
&= u(n-2) + t(n-1) + u(n-1) + t(n)
\end{aligned}$$

$= u(n-2)+u(n-1) + t(n-1)+t(n)$

$= u(n) + t(n+1)$.

Zu (2): (Beweis indirekt)

Annahme: Es gebe (mindestens) eine natürliche Zahl, die sich nicht in der angegebenen Weise darstellen läßt. Dann sei n die kleinste derartige Zahl. Da n keine Fibonacci-Zahl sein kann, gilt $n > 2$.

Nun sei m die größte natürliche Zahl mit $u(m) < n$.

Man setze $d: = n - u(m)$.

Da $u(n+1) < 2u(n)$ für $n>2$ gilt, ist die natürliche Zahl d kleiner als u(m). Weil d kleiner ist als n, läßt sich d als Summe von paarweise verschiedenen F.-Zahlen darstellen; damit erhält man aber durch Hinzunahme des Summanden u(m) eine Darstellung von n als Summe paarweise verschiedener F.-Zahlen, denn wegen $d<u(m)$ ist u(m) nicht Summand in der Darstellung von d. Die Annahme war also falsch.

Zu (3): Der Beweis benutzt die Formel für den Grenzwert einer geometrischen Reihe mit dem Quotienten w^2 ; diese Formel ist wegen $w^2 < 1$ anwendbar.

Wegen $-w^2 \cdot (1+w^2+w^4+...) < s < w^3 \cdot (1+w^2+w^4+...)$

sowie $1 - w^2 = w$

erhält man: $-w < s < 1 - w$.

Zu (4): Nach (3) gilt eine der beiden Ungleichungen:

(a) $-w < s < 0$,

(b) $0 \leq s < 1-w$.

Wenn (a) gilt, hat man $0 < -s < w$, also $0 < -s/w < 1$.

Es ist $[s] = -1$, $[-s/w] = 0$ und daher

$$[-s/w + [s]w + w] = [-s/w - w + w] = [-s/w] = 0 .$$

Gilt hingegen (b), also $w-1 < -s \leq 0$,so ergibt sich

$$0 = w^2+w-1 < -s+w^2 \leq w^2 ,$$

$$0 < -s/w + w \leq w .$$

Somit gilt $[-s/w + w] = 0$; man hat daher:

$$[-s/w + [s]w + w] = [-s/w + w] = 0 .$$

Damit ist auch (4) nachgewiesen.

Aufgaben 1984 1. Runde

1. Es sei n eine natürliche Zahl und $M = \{1,2,3,4,5,6\}$. Zwei Personen A und B spielen in folgender Weise: A schreibt eine Ziffer aus M auf, B hängt eine Ziffer aus M an, und so wird abwechselnd je eine Ziffer aus M angehängt, bis die 2n-stellige Dezimaldarstellung einer Zahl entstanden ist. Ist diese Zahl durch 9 teilbar, so gewinnt B, andernfalls gewinnt A.

   Für welche n kann A, für welche n kann B den Gewinn erzwingen?

2. Gegeben sei ein regelmäßiges n-Eck mit dem Umkreisradius 1. L sei die Menge der (verschiedenen) Längen aller Verbindungsstrecken seiner Eckpunkte.

   Wie groß ist die Summe der Quadrate der Elemente von L ?

3. Es seien a und b natürliche Zahlen. Man zeige: Ist $a \cdot b$ gerade, dann gibt es natürliche Zahlen c und d mit $a^2+b^2+c^2=d^2$; ist dagegen $a \cdot b$ ungerade, so gibt es keine solchen natürlichen Zahlen c und d.

4. In einem quadratischen Feld der Seitenlänge 12 befindet sich eine Quelle, die ein System von geradlinigen Bewässerungsgräben speist. Dieses ist so angelegt, daß für jeden Punkt des Feldes der Abstand zum nächsten Graben höchstens 1 beträgt. Dabei ist die Quelle als Punkt und sind die Gräben als Strecken anzusehen.

   Es ist nachzuweisen, daß die Gesamtlänge der Bewässerungsgräben größer als 70 ist.

Aufgaben 1984 2. Runde

1. Die natürlichen Zahlen n und z seien teilerfremd und größer als 1.

   Für $k = 0, 1, 2, \ldots, n-1$ sei $s(k) = 1 + z + z^2 + \ldots + z^k$.

   Man beweise:

   a) Mindestens eine der Zahlen $s(k)$ ist durch n teilbar.

   b) Sind auch n und $z-1$ teilerfremd, so ist schon eine der Zahlen $s(k)$ mit $k=0,1,2,\ldots,n-2$ durch n teilbar.

2. Man bestimme alle beschränkten abgeschlossenen Teilmengen F der Ebene mit der folgenden Eigenschaft:

   F besteht aus mindestens zwei Punkten und enthält mit je zwei Punkten A,B stets auch mindestens einen der beiden Halbkreisbögen über der Strecke AB.

   Erläuterung: Eine Teilmenge F der Ebene heißt genau dann abgeschlossen, wenn gilt: Zu jedem Punkt P der Ebene, der nicht Element von F ist, gibt es eine (nicht ausgeartete) Kreisscheibe mit Mittelpunkt P, die keine Elemente von F enthält.

3. Die Folgen $a_1, a_2, a_3, \ldots$ und b_1, b_2, b_3 genügen für alle natürlichen Zahlen n der folgenden Rekursion:

   $$a_{n+1} = a_n - b_n \quad \text{und} \quad b_{n+1} = 2b_n \quad , \text{ falls } a_n \geq b_n ,$$

   $$a_{n+1} = 2a_n \quad \text{und} \quad b_{n+1} = b_n - a_n \quad , \text{ falls } a_n < b_n .$$

   Für welche Paare (a_1, b_1) von positiven reellen Anfangsgliedern gibt es einen Index k mit $a_k = 0$?

4. Eine Kugel wird von allen vier Seiten eines räumlichen Vierecks berührt. Man beweise, daß alle vier Berührpunkte in ein und derselben Ebene liegen.

Lösungen 1984 1. Runde

Aufgabe 1

Es sei n eine natürliche Zahl und M = {1,2,3,4,5,6}. Zwei Personen A und B spielen in folgender Weise: A schreibt eine Ziffer aus M auf, B hängt eine Ziffer aus M an, und so wird abwechselnd je eine Ziffer aus M angehängt, bis die 2n-stellige Dezimaldarstellung einer Zahl entstanden ist. Ist diese Zahl durch 9 teilbar, so gewinnt B, andernfalls gewinnt A. Für welche n kann A, für welche n kann B den Gewinn erzwingen ?

Vorbemerkung

Der Nachweis, daß eine Strategie, die unter anderen Anfangsbedingungen für den Spieler zum Gewinn führte, dieses nun nicht mehr leistet, beweist selbstverständlich nicht, daß nun sein Gegner den Gewinn erzwingen kann; es könnte ja in der veränderten Situation eine andere Gewinnstrategie geben. Es ist also für jede Wahl von n die Existenz der jeweils erfolgreichen Strategie nachzuweisen.

Lösung

(a) Wenn n ein Vielfaches von 9 ist, kann B den Gewinn erzwingen.

(b) Wenn n kein Vielfaches von 9 ist, kann A den Gewinn erzwingen.

Da mit (a) und (b) alle Möglichkeiten für n erfaßt sind, ist damit die Frage der Aufgabe vollständig beantwortet.

Beweis zu (a)

Die Strategie von B besteht in folgendem: hat A die Ziffer x aufgeschrieben, berechnet B den Wert (7-x) und hängt die so errechnete Ziffer an x an. Die Regeln des Spieles lassen dies zu, da zusammen mit x auch 7-x in {1,2,3,4,5,6} liegt.

Die erhaltene 2n-stellige Zahl z hat dann die Ziffernsumme 7n. Da 7n durch 9 teilbar ist, gilt dies nach der bekannten Teilbarkeitsregel für 9 auch für die 2n-stellige Zahl z.

B gewinnt also.

Beweis zu (b)

Da 7n kein Vielfaches von 9 ist, hat 7(n−1) einen von 2 verschiedenen Neunerrest r.

r ist also Element von $\{0,1,3,4,5,6,7,8\}$.

Weiterhin sei s der Siebenerrest von 9−r, d.h. $s = 9-r$, falls $9-r < 7$, sonst $s = 2-r$; $s \in \{1,2,3,4,5,6\}$.

Die Strategie von A ist nun folgende: A schreibt zuerst die Ziffer s auf. Er hängt dann jeweils an eine von B aufgeschriebene Ziffer x die durch Berechnung von 7−x erhaltene Ziffer an. Wenn B mit dem Aufschreiben der letzten Ziffer an der Reihe ist, liegt daher folgende Situation vor:

Die Ziffernsumme der bisher notierten (2n−1)-stelligen Zahl beträgt $s+7(n-1)$, ist also kongruent s+r modulo 9. Nach Konstruktion von s gilt $s+r = 9$ oder $s+r = 2$. B müßte also, um Teilbarkeit der entstehenden 2n-stelligen Zahl durch 9 zu erreichen, eine 0 bzw. eine 7 anhängen. Da keine dieser Ziffern zulässig ist, erzwingt A so seinen Gewinn.

Aufgabe 2

Gegeben sei ein regelmäßiges n-Eck mit dem Umkreisradius 1. L sei die Menge der (verschiedenen) Längen aller Verbindungsstrecken seiner Eckpunkte.

Wie groß ist die Summe der Quadrate der Elemente von L ?

Antwort: Die betrachtete Summe hat für gerades n den Wert n+2, für ungerades n den Wert n.

Bezeichnung:

Es sei $m := [n/2]$. Die Ecken seien im Gegenuhrzeigersinn − beginnend bei einer beliebigen Ecke − mit E_0, E_1, ... ,E_{2m-1} (n gerade) bzw. mit E_0, E_1, ..., E_{2m} (n ungerade) bezeichnet. M sei der Umkreismittelpunkt. Die gesuchte Summe der Quadrate der Elemente von L wird mit s bezeichnet. Bei den folgenden Beweisen wird von diesen Bezeichnungen ausgegangen.

Beweis 1

Es werden die Fälle unterschieden: (a) n ist gerade,

(b) n ist ungerade.

Zu (a)

Man betrachte die Dreiecke mit der Grundseite E_0E_m und der Spitze E_i $(1 \leq i \leq m-1)$. Diese Dreiecke sind rechtwinklig (Thales).

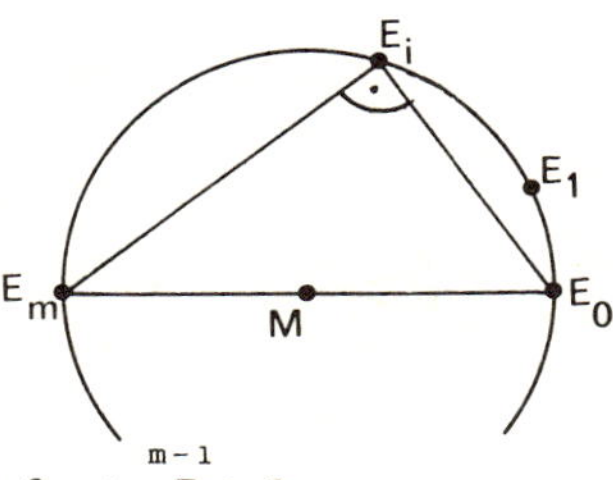

Wenn der Index i die natürlichen Zahlen von 1 bis m durchläuft, nimmt die Länge von E_0E_i jede der zu betrachtenden Streckenlängen genau einmal an. Bezeichnet man also $l_i := \overline{E_0E_i}$, so gilt

$$s = \sum_{i=1}^{m} l_i^2 .$$

$$2s = 2\cdot\sum_{i=1}^{m} l_i^2 = 8 + 2\cdot\sum_{i=1}^{m-1} l_i^2 = 8 + \sum_{i=1}^{m-1} l_i^2 + \sum_{i=1}^{m-1} l_i^2 .$$

Da aus Symmetriegründen $\overline{E_mE_{m-i}} = l_i$ ist, erhält man unter Benutzung des Satzes von Pythagoras weiter:

$$2s = 8 + \sum_{i=1}^{m-1} \overline{E_0E_i}^2 + \sum_{i=1}^{m-1} \overline{E_mE_{m-i}}^2 = 8 + \sum_{i=1}^{m-1} (\overline{E_0E_{m-i}}^2 + \overline{E_mE_{m-i}}^2)$$

$$= 8 + \sum_{i=1}^{m-1} 2^2 .$$

Somit hat man:

$$2s = 8 + 4(m-1) = 4m + 4 = 2n + 4, \quad \text{also} \quad s = n + 2 .$$

Zu (b)

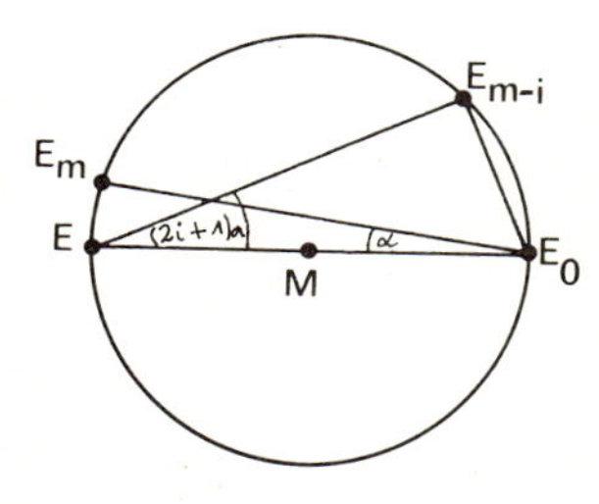

Der von E_0 verschiedene Endpunkt des Kreisdurchmessers durch E_0 sei mit E bezeichnet; jeder Umfangswinkel über dem (kleinen) Bogen EE_m hat dann die Größe $180°/2n =: \alpha$; der Winkel EE_0E_{m-i} setzt sich aus 2i+1 Winkeln der Größe α zusammen (Umfangswinkelsatz), hat also die Größe $(2i+1)\alpha$ $(0 \leq i \leq m-1)$. Nach einer zu (a) analogen Überlegung ist

$$s = \sum_{i=1}^{m} \overline{E_0E_i}^2 .$$

Für i=0,1,2,...,m−1 hat man wegen $\cos(2i+1)\alpha = \overline{E_0E_{m-i}}/2$

$$s = \sum_{i=1}^{m} \overline{E_0E_i}^2 = \sum_{i=0}^{m-1} \overline{E_0E_{m-i}}^2 = \sum_{i=0}^{m-1} 4\cos^2(2i+1)\alpha .$$

Hiermit erhält man wegen $2\cos^2(x) = 1 + \cos(2x)$:

$$s = \sum_{i=0}^{m-1} 2 + 2\cdot\sum_{i=0}^{m-1} \cos(4i+2)\alpha = 2m + 2\cdot\sum_{i=0}^{m-1} \cos(4i+2)\alpha .$$

Wenn nun gezeigt werden kann

$$(*) \qquad 2\cdot\sum_{i=0}^{m-1} \cos(4i+2)\alpha = 1 ,$$

ergibt sich mit dem zuletzt für s errechneten Wert $s = 2m+1$, also $s = n$. Es fehlt somit nur noch der Nachweis zu (*).

Man setze $\beta := 2\alpha$ ($= 180°/n$). Da $\sin(\beta)$ von null verschieden ist, ist zu (*) die nachfolgende Behauptung (+) äquivalent :

$$(+) \qquad 2\sin(\beta)\cdot \sum_{i=0}^{m-1} \cos(2i+1)\beta \quad = \sin(\beta) \ .$$

Da nach den Additionstheoremen der Sinusfunktion gilt

$$2\sin(\beta)\cdot\cos(2i+1)\beta = \sin((2i+1)\beta + \beta) - \sin((2i+1)\beta - \beta)$$

$$= \sin(2i+2)\beta - \sin(2i\beta),$$

erhält man:

$$2\sin(\beta)\cdot \sum_{i=0}^{m-1} \cos(2i+1)\beta = \sum_{i=0}^{m-1} (\sin(2i+2)\beta - \sin(2i\beta))$$

$$= \sin(2m\beta) \ .$$
$$= \sin(180° - \beta)$$
$$= \sin(\beta).$$

Damit ist auch (+) als richtig nachgewiesen.

Beweis 2

Zunächst wird eine später benötigte Formel bereitgestellt:

$$(*) \ 2\sin(\gamma)\cdot \sum_{i=1}^{m} \cos(i\gamma) = \sin(m+1)\gamma + \sin(m\gamma) - \sin(\gamma) \ ;$$

dabei ist γ eine beliebige Winkelgröße und m eine beliebige natürliche Zahl.

Zum Nachweis von (*) benutzt man die nachfolgende Identität, die durch Anwendung des Additionstheorems der Sinusfunktion unmittelbar zu verifizieren ist:

$$2\sin(\gamma)\cdot\cos(i\gamma) = \sin(i+1)\gamma - \sin(i-1)\gamma \ .$$

Damit kann man umformen:

$$2\cdot \sum_{i=1}^{m} \sin(\gamma)\cdot\cos(i\gamma) = \sum_{i=1}^{m} (\sin(i+1)\gamma - \sin(i-1)\gamma)$$

$$= \sin(m+1)\gamma + \sin(m\gamma) - \sin(\gamma) \ .$$

Für $i=1,2,\ldots,m$ ist das (bei geradem n im Fall $i=m$ ausgeartete) Dreieck E_0E_iM gleichschenklig mit den Schenkeln ME_0 und ME_i der Länge 1 und dem Winkel $i\gamma$ an der Spitze; dabei ist γ als Größe des Winkels E_0ME_1 erklärt.

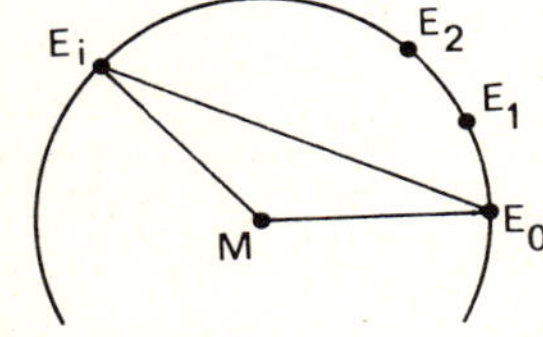

Nach Kosinussatz gilt daher $\overline{E_0E_i}^2 = 2-2\cos(i\gamma)$ für $i=1,2,\ldots,m$.

Wegen $s = \sum_{i=1}^{m} \overline{E_0E_i}^2$ hat man somit:

$$s = \sum_{i=1}^{m} 2 - 2\cdot \sum_{i=1}^{m} \cos(i\gamma) = 2m - 2\cdot \sum_{i=1}^{m} \cos(i\gamma) .$$

Da γ zwischen 0° und 180° liegt, ist $\sin(\gamma)$ verschieden von 0; unter Benutzung von (*) erhält man daher:

$$s = 2m + 1 - (\sin(m+1)\gamma + \sin(m\gamma)) / \sin(\gamma) .$$

Wenn n eine gerade Zahl ist, also $n = 2m$, ist $\gamma = 180°/m$. Daher gilt:

$$\begin{aligned} s &= 2m + 1 - (\sin(180° + \gamma) + \sin(180°)) / \sin(\gamma) \\ &= 2m + 1 - (-\sin(\gamma) + 0) / \sin(\gamma) \\ &= 2m + 2 \\ &= n + 2 . \end{aligned}$$

Ist n ungerade, also $n = 2m+1$, ist $\gamma = 360°/(2m+1)$.

$$\begin{aligned} s &= 2m + 1 - (\sin(180°+\gamma/2) + \sin(180°-\gamma/2)) / \sin(\gamma) \\ &= 2m + 1 - (-\sin(\gamma/2) + \sin(\gamma/2)) / \sin(\gamma) \\ &= 2m + 1 \\ &= n . \end{aligned}$$

Damit ist die Behauptung nachgewiesen.

Beweis 3

Man betrachte wieder den Umkreis zum vorgegebenen n-Eck. Nach dem Umfangswinkelsatz haben alle Winkel $E_iE_0E_{i-1}$ $(i=1,2,\dots,n-1)$ die gleiche Größe. Diese gemeinsame Winkelgröße sei mit β bezeichnet. Da der Mittelpunktswinkel über E_0E_1 dann die Größe 2β hat, gilt

$n\cdot 2\beta = 360°$, also $\beta = 180°/n$.

Für $i=1,2,\dots,n-1$ sei d_i die Länge der Strecke E_0E_i .

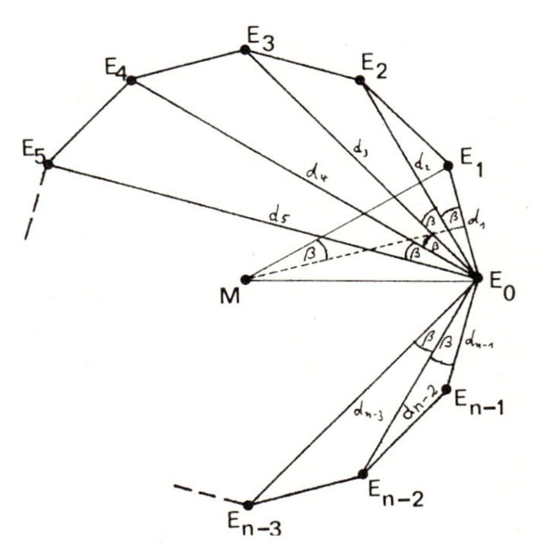

Nach dem Kosinussatz (angewendet auf Dreieck $E_0E_{i-1}E_i$) gilt:

$$(1) \quad d_1^2 = d_{i-1}^2 + d_i^2 - 2d_{i-1}d_i\cdot\cos(\beta) .$$

Bezeichnet man mit F(i) den Flächeninhalt von Dreieck $E_0E_{i-1}E_i$, so ergibt sich

$$2\cdot F(i) = d_i d_{i-1}\cdot \sin(\beta);$$ Multiplikation mit $2\cdot\cot(\beta)$ liefert:

$$(2) \quad 4\cdot F(i)\cdot\cot(\beta) = 2d_i d_{i-1}\cdot\cos(\beta) .$$

Aus (1) und (2) erhält man

$$d_{i-1}^2 + d_i^2 = d_1^2 + 4\cdot F(i)\cdot\cot(\beta) .$$

Summation über der Indexmenge $\{2,3,4,\ldots,n-1\}$ ergibt

$$\sum_{i=2}^{n-1} (d_{i-1}^2 + d_i^2) = \sum_{i=2}^{n-1} (d_1^2 + 4\cdot F(i)\cdot\cot(\beta)) .$$

Durch Addition von $d_1^2+d_{n-1}^2$ ($d_{n-1}=d_1$!) gelangt man zu

$$2\cdot\sum_{i=1}^{n-1} d_i^2 = nd_1^2 + 4\cdot\cot(\beta)\cdot\sum_{i=2}^{n-1} F(i) .$$

Ersetzt man in der letzten Gleichung nun d_1 durch $2\cdot\sin(\beta)$ und $\sum_{i=2}^{n-1} F(i)$ durch $n\cdot\cos(\beta)\cdot\sin(\beta)$ (= Flächeninhalt des n-Ecks),

so erhält man

$$2\cdot\sum_{i=1}^{n-1} d_i^2 = n\cdot 4\cdot\sin^2(\beta) + 4\cdot\cot(\beta)\cdot n\cdot\sin(\beta)\cdot\cos(\beta)$$

$$= 4n\cdot(\sin^2(\beta) + \cos^2(\beta))$$

$$= 4n .$$

Somit gilt:

$$(3) \quad \sum_{i=1}^{n-1} d_i^2 = 2n .$$

Die Summe der Quadrate der Längen aller von E_0 ausgehenden Strekken E_0E_i beträgt also 2n.

Falls n ungerade ist, tritt in dieser Summe jedes Element von L (s. Aufgabenstellung) genau zweimal auf; als gesuchte Summe für die Fragestellung der Aufgabe ergibt sich also in diesem Fall n.

Ist n gerade, so treten alle Elemente von L außer dem Quadrat des Umkreisdurchmessers (=4) als Summanden in L genau zweimal auf, das doppelte der zu ermittelnden Summe ist also 2n+4. Für den zu bestimmenden Wert ergibt sich in diesem Fall daher n+2.

Beweis 4 (vektoriell)

M sei der Ursprung eines rechtwinkligen Koordinatensystems in der Ebene des n-Ecks. Wir betrachten den zugehörigen Euklidischen Vektorraum; $\vec{x}*\vec{y}$ bezeichne das innere Produkt von $\vec{x}$ und $\vec{y}$.

Für i = 0,1,2,...,n-1 sei $\vec{e}_i$ der Ortsvektor zu E_i. Die Normierung sei so gewählt, daß der Betrag von $\vec{e}_0$ (und daher aller $\vec{e}_i$) 1 beträgt. Bei der Drehung, die den Pfeil $\overrightarrow{ME_0}$ in $\overrightarrow{ME_1}$ überführt, geht die Figur des n-Ecks in sich über. Da der Drehwinkel zwischen 0° und 180° liegt, muß somit gelten

$$(\&) \qquad \sum_{i=0}^{n-1} \vec{e}_i = \vec{o} \quad .$$

Mit der Bezeichnung $v_i = |\vec{e}_i - \vec{e}_0|^2$ gilt: $\quad s = \sum_{i=1}^{n} v_i \quad .$

Nach Definition von v_i erhält man:

$$\sum_{i=1}^{n-1} v_i = \sum_{i=1}^{n-1} (\vec{e}_i - \vec{e}_0)^2 = \sum_{i=1}^{n-1} (\vec{e}_i{}^2 - 2\vec{e}_i*\vec{e}_0 + \vec{e}_0{}^2)$$

$$= \sum_{i=1}^{n-1} 2 - 2\vec{e}_0 * \sum_{i=1}^{n-1} \vec{e}_i \quad ,$$

$$= 2(n-1) - 2\vec{e}_0*(-\vec{e}_0) \qquad (\text{nach}(\&))$$

$$= 2n \quad .$$

Fall (a) : n gerade:

Da für $0 \leq i \leq m$ gilt $v_{m-i} = v_{m+i}$, kann man umformen:

$$2s = 2\cdot \sum_{i=1}^{m} v_i = \sum_{i=1}^{m-1} v_i + v_m + \sum_{i=m}^{2m-1} v_i = \sum_{i=1}^{n-1} v_i + 4 = 2n + 4 \ .$$

Mithin gilt $s = 2n + 2$.

Fall (b) : n ungerade:

Weil für $1 \leq i \leq 2m$ gilt $v_i = v_{2m+1-i}$, hat man:

$$2s = 2\cdot \sum_{i=1}^{m} v_i = \sum_{i=1}^{m} v_i + \sum_{i=m+1}^{2m} v_i = \sum_{i=1}^{n-1} v_i = 2n \ , \text{ also } s = n \quad .$$

Mit der Erledigung der Fälle (a) und (b) ist Beweis 4 abgeschlossen.

Beweis 5 (mit analytischer Geometrie)

M sei der Mittelpunkt eines kartesischen Koordinatensystems mit E_0 als Einheitspunkt auf der x-Achse; x_i sei die 1. Koordinate von E_i ($0 \le i \le n$). Man erhält mit dem Satz von Pythagoras:

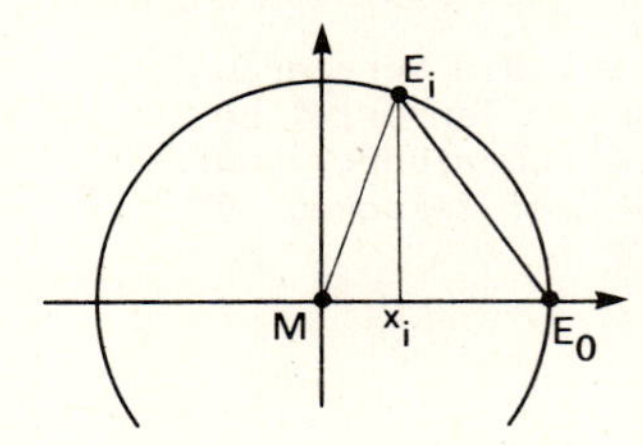

$$\overline{E_0E_i}^2 = (1 - x_i)^2 + (1 - x_i)^2 = 2(1 - x_i) \quad .$$

Da die Figur bei Spiegelung z.B an (ME_0) oder (ME_1) in sich übergeht, ist M der geometrische Schwerpunkt. Insbesondere folgt daher

$$(*) \qquad (1/n) \cdot \sum_{i=0}^{n-1} x_i = 0 \qquad \text{(1. Schwerpunktkoordinate).}$$

Bei den nachfolgenden Umformungen wird (*) und die Symmetrie der Figur zur x-Achse benutzt:

Für gerades n erhält man:

$$2s = 2 \cdot \sum_{i=1}^{m} \overline{E_0E_i}^2 = \sum_{i=1}^{m-1} \overline{E_0E_i}^2 + 4 + \sum_{i=m}^{2m-1} \overline{E_0E_i}^2$$

$$= 4 + 2 \cdot \sum_{i=0}^{n-1} (1 - x_i)$$

$$= 4 + 2n \; ; \qquad \text{also} \quad s = n + 2 \quad .$$

Für ungerades n ergibt sich:

$$2s = 2 \cdot \sum_{i=1}^{m} \overline{E_0E_i}^2 = \sum_{i=1}^{m} \overline{E_0E_i}^2 + \sum_{i=m+1}^{2m} \overline{E_0E_i}^2$$

$$= \sum_{i=1}^{2m} \overline{E_0E_i}^2$$

$$= 2 \cdot \sum_{i=0}^{n-1} (1-x_i)$$

$$= 2n \; ; \qquad \text{also } s = n \; .$$

Beweis 6 (mit komplexen Zahlen)

Die Ebene wird als komplexe Zahlenebene mit $M = 0$ und $E_0 = 1$ gedeutet. Dann stellen $E_0, E_1, \ldots, E_{n-1}$ gerade die n-ten Einheitswurzeln dar; beachtet man, daß deren Summe 0 ergibt, so hat man:

$$\begin{aligned} \Sigma\, |1 - E_j|^2 &= \Sigma\,(1 - E_j)(1 - \overline{E_j}) \\ &= \Sigma\,(1 + E_j \cdot \overline{E_j} - E_j - \overline{E_j}) \\ &= \Sigma\,(1 + 1) \qquad , \text{ da } \Sigma E_j = \Sigma \overline{E_j} = 0 . \\ &= 2n . \end{aligned}$$

Dabei bedeutet der Querstrich den Übergang zur konjugiert-komplexen Zahl. Der Summationsindex j läuft jeweils von 0 bis n-1.

Für gerades n werden alle Werte aus L außer dem Quadrat des Umkreisdurchmessers genau zweimal berücksichtigt, letztgenannter nur einmal; somit erhält man $2s = 2n + 4$, also $s = n + 2$.

Für ungerades n werden in der Summe alle Werte aus L genau zweimal berücksichtigt, man hat also $2s = 2n$ und somit $s = n$.

Aufgabe 3

Es seien a und b natürliche Zahlen. Man zeige: Ist $a \cdot b$ gerade, dann gibt es natürliche Zahlen c und d mit $a^2 + b^2 + c^2 = d^2$; ist dagegen $a \cdot b$ ungerade, so gibt es keine solchen natürlichen Zahlen c und d.

Vorbemerkung

Da im 1. Fall ($a \cdot b$ gerade) die Existenz einer Lösung nachgewiesen werden muß, reicht es nicht, aus der angenommenen Existenz einer Lösung auf eine gewisse notwendige Form einer solchen zu schließen. Vielmehr muß bei diesem Ansatz auch gezeigt werden, daß der angegebene Ausdruck tatsächlich eine Lösung darstellt.

Lösung 1

Jede gerade natürliche Zahl ist in der Form 2k, jede ungerade natürliche Zahl in der Form 2k-1 darstellbar ($k \in N$). An den Identitäten

$$(2k)^2 = 4k^2 \quad \text{und} \quad (2k - 1)^2 = 4(k^2 - k) + 1$$

ist abzulesen, daß eine Quadratzahl bei Division durch 4 nur die Reste 0 oder 1 lassen kann.

Das Produkt $a \cdot b$ ist genau dann gerade, wenn einer der beiden Faktoren a,b gerade ist. Die folgenden Fälle werden unterschieden:

Fall 1.1: Genau eine der Zahlen a, b ist gerade.
Fall 1.2: Die Zahlen a und b sind beide gerade.
Fall 2 : Beide Zahlen a und b sind ungerade.

Zu 1.1: Der Viererrest von $a^2 + b^2$ beträgt 1, es ist also eine Darstellung der Form $a^2 + b^2 = 4n + 1$ möglich ($n \in \mathbb{N}$). Dann liefert $c = 2n$, $d = 2n+1$ eine Lösung, da c und d natürliche Zahlen sind und

$$a^2 + b^2 + c^2 = 4n+1 + 4n^2 = (2n + 1)^2 = d^2 .$$

Zu 1.2: Die Summe $a^2 + b^2$ ist durch 4 teilbar, man hat also eine Darstellung der Form $a^2 + b^2 = 4n$ ($n \in \mathbb{N}$). Mit $c = n-1$, $d = n+1$ erhält man eine Lösung, da $c, d \in \mathbb{N}$ und

$$a^2 + b^2 + c^2 = 4n + n^2 - 2n + 1 = (n + 1)^2 = d^2 .$$

Zu 2.2: Der Viererrest von $a^2 + b^2$ ist 2. Für $x \in \mathbb{N}$ hat die Summe $a^2 + b^2 + x^2$ also den Viererrest 2 oder 3, je nachdem, ob x eine gerade oder ungerade Zahl ist. Da die möglichen Viererreste einer Quadratzahl nur 0 und 1 sind, kann es keine natürlichen Zahlen c und d mit $a^2 + b^2 + c^2 = d^2$ geben.

Mit der Untersuchung dieser drei Fälle ist die Aufgabe gelöst.

Lösung 2

Die Fallunterscheidung wird gemäß Lösung 1 vorgenommen.

Zu Fall 1.1:

Ein Paar (c,d) natürlicher Zahlen erfüllt genau dann die Gleichung $a^2 + b^2 + c^2 = d^2$, wenn gilt:

$$(1) \qquad a^2 + b^2 = (d - c)(d + c) .$$

Da $a^2 + b^2$ ungerade ist, führt jede Lösung (c,d) gemäß (1) auf eine Zerlegung von $a^2 + b^2$ in zwei ungerade und (wegen $c \neq 0$) verschiedene Faktoren. Nun sei

$$a^2 + b^2 = p \cdot q \quad \text{mit } p,q \in \mathbb{N} , \quad p < q .$$

Dann sind p und q beide ungerade;

der Ansatz $d - c = p$, $d + c = q$

führt auf $c = (q - p)/2$, $d = (q + p)/2$.

Die so gewonnenen natürlichen Zahlen c,d ergeben wirklich eine Lösung, denn man hat:

$$a^2 + b^2 + c^2 = pq + (q^2-2pq+p^2)/4 = (q^2+2pq+p^2)/4 = d^2 .$$

Zu Fall 1.2:

Man setze $A := a/2$, $B := b/2$. A und B sind nach Voraussetzung natürliche Zahlen; die Gleichung $a^2 + b^2 + c^2 = d^2$ ist äquivalent zu

$$(2) \quad A^2 + B^2 = ((d-c)/2) \cdot ((d+c)/2) .$$

Bei jeder Lösung müssen c^2 und d^2 – und daher auch c und d – von gleicher Parität sein, da sonst d^2-c^2 ungerade wäre. Die Zahlen d+c und d-c sind also gerade; jede Lösung (c,d) liefert somit gemäß (2) eine Zerlegung von $A^2 + B^2$ in zwei natürliche und (wegen $c>0$) verschiedene Faktoren.

Nun sei umgekehrt

$$A^2 + B^2 = pq \quad \text{mit } p,q \in \mathbb{N} , \quad p < q .$$

Dann führt der Ansatz

$$(d + c)/2 = q , \quad (d - c)/2 = p$$

auf $\quad c = q - p , \quad d = q + p .$

Mit (c,d) hat man wirklich eine Lösung gewonnen, denn c und d sind natürliche Zahlen und es gilt:

$$a^2 + b^2 + c^2 = 4pq + q^2-2pq+p^2 = (q+p)^2 = d^2 .$$

Zu Fall 2:

Sind die Zahlen c und d von gleicher Parität, so sind d-c und d+c gerade und (d-c)(d+c) enthält den Faktor 2 mindestens zweifach; sind c und d von verschiedener Parität, ist das Produkt ungerade. Die ungeraden Zahlen a und b sind dann in der Form $a=2A-1$, $b=2B-1$ $(A,B \in \mathbb{N})$ darstellbar.

Man hat also die Darstellung

$$a^2+b^2 = 4A^2-4A+1 + 4B^2-4B+1 = 2(2A^2-2A+2B^2-2B+1) .$$

Da a^2+b^2 somit den Primfaktor 2 genau einmal enthält, kann die Gleichung

$$a^2 + b^2 = (d-c)(d+c)$$

nicht gelten. Es gibt also in diesem Fall keine Lösungen.

Weiterführende Bemerkungen

(1) Verschiedene Zerlegungen von a^2+b^2 (bei Fall 1.1) bzw. von A^2+B^2 (bei Fall 1.2) führen zu verschiedenen Lösungen (c,d), da eine Vergrößerung von q eine Verkleinerung von p und damit eine Vergrößerung von c nach sich zieht. Bedeutet nun t(n) die Anzahl aller Teiler von $n \in \mathbb{N}$, so ist die Anzahl der Darstellungen

$$n = pq \quad \text{mit} \quad p,q \in \mathbb{N}, \quad p < q ,$$

gleich $[t(n)/2]$.

Die Anzahl der Lösungen (c,d) ist also

$[t(a^2+b^2)/2]$, falls genau eine der Zahlen a,b gerade ist,

$[t((a^2+b^2)/4)/2]$, falls a und b gerade sind.

(2) Die Aufgabe läßt die folgende geometrische Deutung zu:

Ein Rechteck mit ganzzahligen Seitenlängen läßt sich genau dann zu einem Quader mit ganzzahligen Längen aller Kanten und Raumdiagonalen ergänzen, wenn sein Flächeninhalt eine gerade Zahl ist. Die in diesem Zusammenhang naheliegende Frage nach der Existenz von Quadern, bei denen zusätzlich noch die Längen aller Flächendiagonalen ganzzahlig sind, ist noch (1984) unbeantwortet.

Literatur zu diesem ungelösten Problem:

Richard K. GUY, Unsolved Problems in Number Theory, Springer Verlag New York, Heidelberg, Berlin (1981).

Dort ist weitere Literatur angegeben.

Aufgabe 4

In einem quadratischen Feld der Seitenlänge 12 befindet sich eine Quelle, die ein System von geradlinigen Bewässerungsgräben speist. Dieses ist so angelegt, daß für jeden Punkt des Feldes der Abstand zum nächsten Graben höchstens 1 beträgt. Dabei ist die Quelle als Punkt und sind die Gräben als Strecken anzusehen. Es ist nachzuweisen, daß die Gesamtlänge der Bewässerungsgräben größer als 70 ist.

Lösung

Durch die Quelle allein wird höchstens eine Kreisfläche mit Radius 1 um Q bewässert. Die von einem streckenförmigen Graben g der Länge a versorgte Fläche setzt sich (vgl. Skizze auf der folgenden Seite) aus einem Rechteck mit den Seitenlängen a und 2 und zwei angesetzten Halbkreisflächen mit dem Radius 1 zusammen.

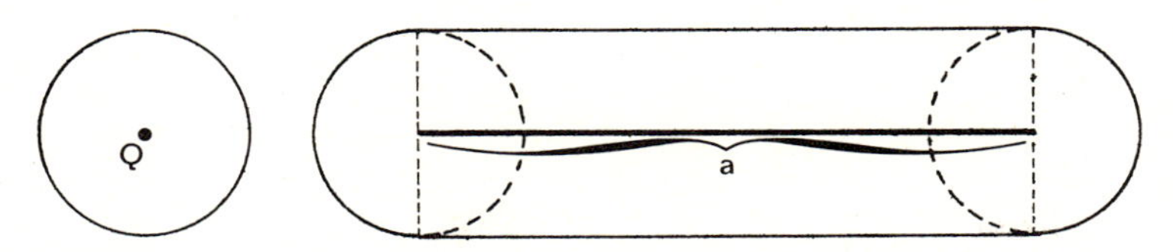

Als 'Rang von g' bezeichnen wir die Mindestanzahl von (jeweils streckenförmigen) Gräben, die das Wasser durchfließen muß, um in g zu gelangen. Ist der Rang von g gleich null, so liegt Q auf g; hat g einen positiven Rang r, so enthält g mindestens einen Punkt, der zu einem Graben vom Rang r-1 gehört.

Man stelle sich nun das Grabensystem derartig schrittweise aufgebaut vor, daß zunächst nur die Quelle vorhanden ist, dann alle Gräben vom Rang 1 hinzukommen, dann vom Rang 2 u.s.w.

Jeder Graben g der Länge a bewirkt dann höchstens die zusätzliche Versorgung einer Fläche vom Inhalt 2a, da mindestens eine Fläche von der Größe der Einheitskreisscheibe innerhalb des skizzierten Gebietes bereits durch Q bzw. einen Graben kleineren Ranges versorgt ist.

Ist nun die Gesamtlänge des Grabensystems nicht größer als 70, so ist die versorgte Fläche nicht größer als $\pi + 2\cdot 70$, also kleiner als 144. Da die Fläche des zu bewässernden Quadrates 144 beträgt, muß die Gesamtlänge der Gräben des Systems größer als 70 sein.

Das war zu zeigen.

Lösungen 1984 2. Runde

Aufgabe 1

Die natürlichen Zahlen n und z seien teilerfremd und größer als 1. Für $k = 0,1,2,\dots,n-1$ sei $s(k) = 1 + z + z^2 + \dots + z^k$

Man beweise:

a) Mindestens eine der Zahlen s(k) ist durch n teilbar.

b) Sind auch n und z−1 teilerfremd, so ist schon eine der Zahlen s(k) mit $k=0,1,2,\dots,n-2$ durch n teilbar.

Beweis zu a) (indirekt)

Aus der Annahme, keine der n Zahlen s(i) $(0 \leq i \leq n-1)$ wäre durch n teilbar, folgt, daß mindestens zwei der Zahlen s(i) bei Division durch n den gleichen der n−1 verschiedenen noch möglichen Reste 1,2,...,n−1 lassen (nach dem Schubfachprinzip). Es seien s(k) und s(m) solche Zahlen $(0 \leq k < m \leq n-1)$. Dann ist deren Differenz s(m)−s(k) durch n teilbar; man hat

$$s(m) - s(k) = \sum_{i=k+1}^{m} z^i = z^{k+1} \cdot \sum_{i=0}^{m-k-1} z^i = z^{k+1} \cdot s(m-k-1) .$$

Nach Voraussetzung ist z zu n teilerfremd, also auch z^{k+1} zu n. Da n das Produkt $z^{k+1} \cdot s(m-k-1)$ teilt, muß n Teiler von s(m−k−1) sein. Wegen $0 \leq m-k-1 \leq n-2 < n-1$ ergibt sich ein Widerspruch zur obigen Annahme.

Erster Beweis zu b) (indirekt)

Annahme: Keine der Zahlen s(i) $(0 \leq i \leq n-2)$ ist durch n teilbar.

Für $i=0,1,2,\dots,n-2$ ist $s(i) \cdot (z-1) = z^{i+1}-1$.

Wegen der Teilerfremdheit von z−1 und n ist auch keine der n−1 Zahlen $z^{i+1}-1$ $(0 \leq i \leq n-2)$ durch n teilbar. Bei Division von $z^{i+1}-1$ durch n verbleibt also ein von 0 verschiedener Rest. Dieser kann auch nicht n−1 sein, da sonst n ein Teiler von z^{i+1} wäre – im Widerspruch zur Teilerfremdheit von z und n.

Somit treten bei Division der n-1 Zahlen $z^{i+1}-1$ durch n höchstens die n-2 verschiedenen Reste 1,2,3,...,n-2 auf; mindestens zweimal verbleibt (nach dem Schubfachprinzip) der gleiche Rest.

Seien nun etwa die Reste von z^k-1 und z^m-1 bei Division durch n gleich. Dann ist die Differenz dieser Zahlen durch n teilbar;

wegen $(z^m-1)-(z^k-1) = z^m-z^k = z^k(z-1)\cdot s(m-k-1)$

ergibt sich wie bei a) der gewünschte Widerspruch.

Zweiter Beweis zu b)

Da wegen der Teilerfremdheit von n und z keine der n Zahlen z^i $(0 \leq i \leq n-1)$ durch n teilbar ist, treten bei Division dieser Zahlen durch n höchstens n-1 verschiedene Reste auf, mindestens zwei der z^i lassen also den gleichen Rest.

Solche Zahlen seien z^k und z^m $(0 \leq k < m \leq n-1)$. Ihre Differenz ist dann durch n teilbar.

$$z^m - z^k = z^k\cdot(z^{m-k}-1) = z^k\cdot(z-1)\cdot s(m-k-1) \quad .$$

Da n sowohl zu z^k als auch zu z-1 teilerfremd ist, muß es Teiler von s(m-k-1) sein. Wegen $0 \leq m-k-1 \leq n-2$ ist damit b) bewiesen.

Dritter Beweis zu b)

Da n und z teilerfremd sind, gilt nach der Eulerschen Verallgemeinerung des Fermatschen Satzes :

n ist ein Teiler von $z^{f(n)} - 1$.

Dabei bedeutet f(n) die Anzahl der n nicht übertreffenden zu n teilerfremden natürlichen Zahlen; wichtig für die Überlegung hier ist nur, daß f(n) eine natürliche Zahl (< n) ist.

Setzt man $k := f(n)-1$, so hat man:

$$(z-1)\cdot s(k) = (z-1)\cdot(1 + z + z^2 + \ldots + z^k)$$
$$= z^{k+1} - 1 \qquad (= z^{f(n)} - 1) \; .$$

Da n zu z-1 teilerfremd ist, muß n ein Teiler von s(k) sein; da weiterhin k eine ganze Zahl ist, die (im unstrengen Sinne) zwischen 0 und n-2 liegt, ist damit b) bewiesen.

Aufgabe 2

Man bestimme alle beschränkten abgeschlossenen Teilmengen F der Ebene mit der folgenden Eigenschaft:

F besteht aus mindestens zwei Punkten und enthält mit je zwei Punkten A,B stets auch mindestens einen der beiden Halbkreisbögen über der Strecke AB.

Erläuterung: Eine Teilmenge F der Ebene heißt genau dann abgeschlossen, wenn gilt: Zu jedem Punkt P der Ebene, der nicht Element von F ist, gibt es eine (nicht ausgeartete) Kreisscheibe mit Mittelpunkt P, die keine Elemente von F enthält.

Lösung

Bei den charakterisierten Figuren handelt es sich um die abgeschlossenen Kreisscheiben der Ebene. Dabei heißt eine Punktmenge K der Ebene 'abgeschlossene Kreisscheibe', wenn es für sie einen Punkt M und eine positive Zahl r gibt, so daß K gerade aus denjenigen Punkten der Ebene besteht, deren Entfernung von M nicht größer als r ist. Bezeichnet man eine Figur F als 'ausgezeichnet', wenn sie die charakterisierenden Eigenschaften der Aufgabenstellung enthält, so ist zum Nachweis zu zeigen:

(1) Jede ausgezeichnete Figur ist eine abgeschlossene Kreisscheibe.
(2) Jede abgeschlossene Kreisscheibe ist ausgezeichnet.

Beweis

Vorgegeben sei eine ausgezeichnete Figur F. Da F abgeschlossen und beschränkt ist, existieren Punkte A, B in F mit maximaler Entfernung. M sei der Mittelpunkt der Strecke AB, K die abgeschlossene Kreisscheibe, die der Kreis um M durch A begrenzt. Von den beiden K umrandenden Halbkreisbögen b(A,B) und b(B,A) (jeweils im Uhrzeigersinn durchlaufen) liegt mindestens einer ganz in F; oBdA gelte dies für b(B,A), - sonst vertausche man A und B.

Es wird nun nacheinander gezeigt: (a) K ist Teilmenge von F,

(b) F ist Teilmenge von K.

Zu (a): P sei ein beliebiger Punkt von K, der nicht auf dem Rand von K liegt, s die Senkrechte zu (AP) durch P.

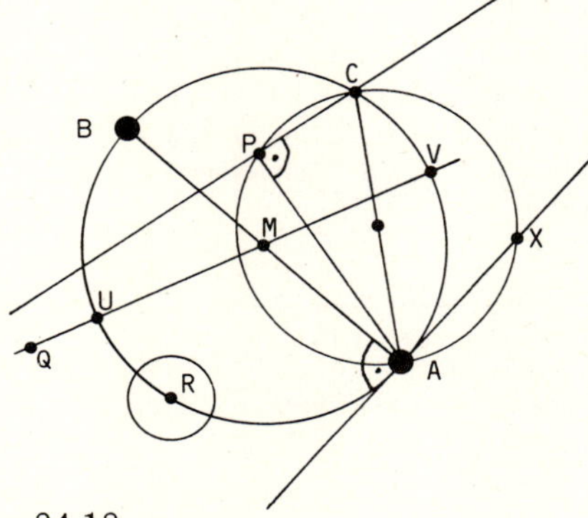

Diese Senkrechte s muß beide Bögen b(A,B) und b(B,A) schneiden, da der Winkel APB größer als ein rechter ist, s mithin den Durchmesser AB schneidet. C sei der Schnittpunkt von s mit b(B,A). Der Halbkreis über dem Durchmesser AC, welcher P nicht enthält, schneidet die Senkrechte zu AB durch A in einem Punkte X. Wegen BX>BA kann X nicht in F liegen, A und B sind ja Punkte maximaler Entfernung in F.

Somit muß der den Punkt P enthaltende Halbkreis über AC, also insbesondere P selber, zu F gehören.

Es fehlt zu (a) noch der Nachweis, daß b(A,B) zu F gehört. Dies folgt nun aus der (bereits benutzten) Abgeschlossenheit von F. Denn läge etwa ein Punkt R des Bogens b(A,B) nicht in F, so müßte es eine Kreisscheibe D mit Mittelpunkt R geben, die keine Punkte von F enthält. Dies ist aber auszuschließen, da zu D unendlich viele Punkte des Inneren von F gehören.

Alle Punkte der abgeschlossenen Kreisscheibe K gehören also zu F.

Zu (b): Es wird – äquivalent zur Behauptung (b) gezeigt –, daß kein Punkt Q außerhalb von K zu F gehören kann.

Die Schnittpunkte der Geraden (QM) mit dem K berandenden Kreis seien mit U und V bezeichnet, dabei liege U zwischen Q und M. V gehört zu F; wegen $QV > UV = AB$ kann Q nicht in F liegen, da A und B in F maximale Entfernung haben.

Damit ist (1) bewiesen.

Zum Nachweis von (2) ist zu zeigen, daß jede abgeschlossene Kreisscheibe eben, abgeschlossen und beschränkt ist und mit je zwei Punkten P,Q auch einen der Halbkreise über PQ enthält.

Es sei r der Radius einer betrachteten abgeschlossenen Kreisscheibe K mit Mittelpunkt M. Gehört ein Punkt S nicht zur Kreisscheibe, so gehören alle Punkte der Kreisscheibe um S mit Radius $0{,}5\cdot(MS-r)$ nicht zu K; K ist also abgeschlossen. K ist trivialerweise beschränkt, da kein Punkt von K weiter als r von M entfernt ist.

Seien schließlich P und Q beliebige Punkte von K; der Kreis mit dem Durchmesser PQ sei h.

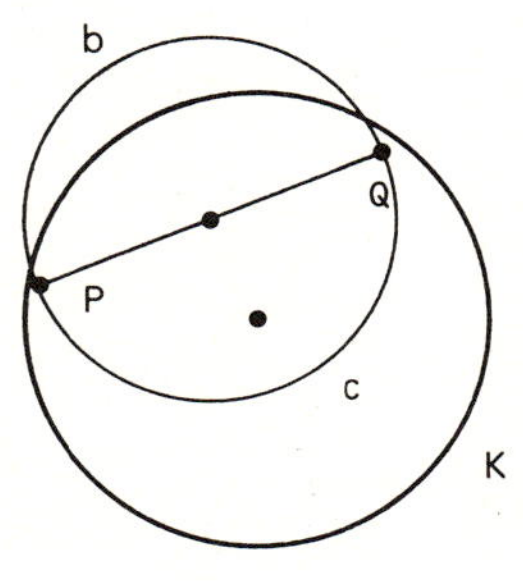

Der Kreis h wird von PQ in die beiden Halbkreisbögen b und c zerlegt. Zu zeigen ist, daß mindestens einer der beiden Halbkreise b, c ganz zu K gehört. Der Rand von K sei mit k bezeichnet.

Es gehöre nicht ganz b zu K, da sonst nichts mehr zu beweisen ist. Dann sind die Kreise k und h verschieden. Weil PQ in K liegt, hat b somit genau zwei Punkte mit k gemeinsam. Da zwei verschiedene Kreise höchstens zwei gemeinsame Punkte haben können, gehört dann kein Punkt von c zu k; der Halbkreis c liegt also ganz in K.

Aufgabe 3

Die Folgen $a_1, a_2, a_3, \ldots$ und b_1, b_2, b_3 genügen für alle natürlichen Zahlen n der folgenden Rekursion:

$$a_{n+1} = a_n - b_n \text{ und } b_{n+1} = 2b_n \quad , \text{ falls } a_n \geq b_n ,$$

$$a_{n+1} = 2a_n \text{ und } b_{n+1} = b_n - a_n \quad , \text{ falls } a_n < b_n .$$

Für welche Paare (a_1, b_1) von positiven reellen Anfangsgliedern gibt es einen Index k mit $a_k = 0$?

Lösung 1

Kein Glied der Folge (b_n) hat den Wert 0, denn b_1 ist nach Voraussetzung positiv und b_{n+1} geht aus b_n durch Multiplikation mit 2 oder Subtraktion einer kleineren Zahl hervor, - mit b_n ist also auch b_{n+1} positiv. Durch

$$c_n := a_n / b_n \quad \text{für alle natürlichen Zahlen n}$$

wird daher eine Folge reeller Zahlen festgelegt. Diese Folge läßt sich rekursiv definieren durch

$$c_1 := a_1 / b_1 \quad \text{und für alle natürlichen Zahlen n}$$

$$c_{n+1} := \frac{2}{1-c_n} - 2, \text{ falls } c_n < 1, \text{ sonst } c_{n+1} := \frac{c_n - 1}{2} .$$

Denn wegen $a_n = c_n \cdot b_n$ hat man im Falle $c_n < 1$, also $a_n < b_n$

$$c_{n+1} = \frac{a_{n+1}}{b_{n+1}} = \frac{2c_n \cdot b_n}{b_n - c_n b_n} = \frac{2c_n}{1-c_n} = \frac{2}{1-c_n} - 2 ;$$

für $c_n \geq 1$ ergibt sich

$$c_{n+1} = \frac{a_{n+1}}{b_{n+1}} = \frac{a_n - b_n}{2b_n} = \frac{c_n b_n - b_n}{2b_n} = \frac{c_n - 1}{2} .$$

Ist nun c_1 irrational, so enthält die Folge (c_n) überhaupt keine rationalen Zahlen, da c_{n+1} aus c_n durch rationale Operationen (Kehrwertbildung und Addition rationaler Zahlen) hervorgeht. Soll es also einen Index k mit $a_k = 0$, also $c_k = 0$ geben, darf c_1 nicht irrational sein.

Alle Startpaare (a_1, b_1) mit irrationalem Quotienten a_1/b_1 können somit von der weiteren Untersuchung ausgeschlossen werden.

Man betrachte nun ein Startpaar (a_1, b_1) mit rationalem Quotienten:

$$a_1 / b_1 = u/v \text{ mit natürlichen Zahlen u und v .}$$

OBdA dürfen dabei u und v als teilerfremd vorausgesetzt werden. Ersetzt man nun a_1 durch u und b_1 durch v, so ändert sich nichts an der oben erklärten Quotientenfolge (c_n). Zur Untersuchung, ob und wann a_k für einen Index k verschwindet, darf man also zum Spezialfall natürlicher, teilerfremder Startwerte a_1, b_1 übergehen.

Durch Addition der Rekursionsgleichungen ergibt sich in beiden Fällen :

$$(*) \qquad a_{n+1} + b_{n+1} = a_n + b_n \quad .$$

Die Summenfolge $(a_n + b_n)$ ist also konstant.

Die höchste in a_1+b_1 als Teiler enthaltene Zweierpotenz sei 2^m . Dabei ist m eine ganze, nicht negative Zahl.

Der Komplementärteiler zu 2^m in a_1+b_1 sei mit c bezeichnet; c ist dann eine ungerade natürliche Zahl. Es wird nun bewiesen:

(A) Wenn (a_n) eine Nullstelle hat, gilt c=1.

(B) Wenn c=1 gilt, hat die Folge (a_n) eine Nullstelle.

Beweis zu (A):

Der kleinste Index, für den ein Glied der Folge (a_n) den Wert null annimmt, sei k+1 ($k \in \mathbb{N}_0$). Nach der rekursiven Definition der Folgen muß dann gelten: $a_k = b_k$.

Wegen der konstanten Summe $2^m \cdot c$ der Folgenglieder a_k und b_k ergibt sich:

$$a_k = 2^{m-1} \cdot c \quad \text{und} \quad b_k = 2^{m-1} \cdot c \quad .$$

Die Folgenglieder a_k und b_k enthalten also beide den Teiler c.

Da jeweils a_n oder b_n durch Verdoppelung des Vorgängers a_{n-1} bzw. b_{n-1} entsteht, muß dieser Vorgänger auch den Teiler c haben. Da nun drei der vier Zahlen a_n, b_n, a_{n-1} und b_{n-1} den Faktor c enthalten, ist c wegen (*) auch Teiler der vierten Zahl. Für jede natürliche Zahl n gilt daher:

Ist c ein gemeinsamer Teiler von a_{n+1} und b_{n+1}, so ist c auch Teiler von a_n und b_n .

Der kleinste Index n, für den c Teiler von a_n und b_n ist, muß mithin 1 sein; da a_1 und b_1 teilerfremd sind, ergibt sich: c = 1.

Beweis zu (B):

Es wird zunächst gezeigt: Enthalten für ein $n \in \mathbb{N}$ die Folgenglieder a_n und b_n beide den Faktor 2^i $(0 \leq i \leq m-1)$, so enthalten a_{n+1} und b_{n+1} den Faktor 2^{i+1}.

Denn in der Gleichung

$$(**) \qquad a_{n+1} + b_{n+1} = 2^m \cdot c$$

ist einer der beiden Summanden durch Verdoppeln aus seinem Vorgänger hervorgegangen, enthält also den Faktor 2^{i+1} . Da 2^m ebenfalls Vielfaches von 2^{i+1} ist, muß auch der andere Summand in (**) durch 2^{i+1} teilbar sein.

Hiermit ergibt sich nun $a_{m+1} = 0$.

Denn bezeichnet man mit e(n) den Exponenten der größten sowohl a_n als auch b_n teilenden Zweierpotenz, so gilt:

Wenn $e(n) \leq m-1$, dann $e(n+1) > e(n)$; $e(n) \leq m$ für alle $n \in \mathbb{N}$.

Da eine streng monoton wachsende Folge in $\{0,1,2,\ldots,m-1\}$ höchstens m Glieder haben kann, gilt $e(m+1) = m$, also $a_{m+1} = 0$.

Ergebnis: Genau dann gibt es für die in der Aufgabenstellung charakterisierte Folge (a_n) einen Index k mit $a_k=0$, wenn es eine reelle Zahl r, teilerfremde natürliche Zahlen u und v, und eine natürliche Zahl m gibt mit: $a_1 = r \cdot u$, $b_1 = r \cdot v$, $u + v = 2^m$.

<u>Lösung 2</u>

Der hier eingeschlagene Weg arbeitet mit einer expliziten Darstellung der zu untersuchenden Folgen; er dürfte weniger naheliegend als das Verfahren in Lösung 1 sein.

Zwei positive reelle Zahlen a, b seien vorgegeben. Mit $a_1:=a$ und $b_1:=b$ sind damit gemäß der Rekursionen in der Aufgabenstellung zwei Folgen (a_n) und (b_n) festgelegt.

Hierzu werden nun zwei Folgen (A_n) und (B_n) in expliziter Form angegeben, dann wird gezeigt, daß es sich hierbei gerade um die rekursiv definierten Folgen (a_n) und (b_n) handelt. Anhand der explizit vorliegenden Form von A_k läßt sich schließlich leicht die Frage der Aufgabenstellung beantworten.

Setzt man $c := \frac{a}{a+b}$, so wird mit

$$z_n := [2^{n-1} \cdot c] \quad \text{für } n \in \mathbb{N}$$

eine Folge (z_n) in $\mathbb{N}_0$ erklärt. Dabei bedeutet bekanntlich [x] die größte der x nicht übertreffenden ganzen Zahlen. Es gilt daher für jede natürliche Zahl n

$$z_n \leq 2^{n-1} \cdot c < z_n + 1,$$

$$\text{also} \qquad 2z_n \leq 2^n \cdot c < 2z_n + 2$$

$$\text{und daher} \qquad 2z_n \leq z_{n+1} \leq 2z_n + 1 \qquad (+) .$$

Die Ungleichungskette (+) wird an späterer Stelle benötigt.

Mit Hilfe der Folge (z_n) definiert man nun für $n \in \mathbb{N}$:

$$A_n := 2^{n-1} \cdot a - (a+b)z_n \ , \quad B_n := (a+b)(z_n+1) - 2^{n-1} \cdot a \ .$$

Dann ist $\quad A_1 = a - 0(a+b) = a$,

$$B_1 = (a+b) - a = b \ .$$

Für $n \in \mathbb{N}$ unterscheide man nun (entsprechend der rekursiven Definition in der Aufgabenstellung) die Fälle $A_n \geq B_n$ und $A_n < B_n$.

Fall 1: $A_n \geq B_n$

Nach Definition der Folgen ergibt sich

$$2^n \cdot a \geq (a+b)(2z_n+1) \ ,$$

also $\quad 2^n \cdot c \geq 2z_n + 1$

und somit wegen (+) $\quad z_{n+1} = 2z_n + 1$.

Damit erhält man:

$$A_n - B_n = 2^n \cdot a - (a+b)(2z_n+1) = 2^n \cdot a - (a+b)z_{n+1} = A_{n+1} \ ,$$

$$2B_n = (2z_n+2)(a+b) - 2^n \cdot a = (a+b)(z_{n+1}+1) - 2^n \cdot a = B_{n+1} \ .$$

Fall 2: $A_n < B_n$

Man hat (vgl. Fall 1) $\quad 2^n \cdot c < 2z_n + 1$, also $\quad z_{n+1} = 2z_n$.

$$B_n - A_n = (a+b)(2z_n+1) - 2^n \cdot a = (a+b)(z_{n+1}+1) - 2^n \cdot a = B_{n+1} \ ,$$

$$2A_n = 2^n \cdot a - 2(a+b)z_n = 2^n \cdot a - (a+b)z_{n+1} = A_{n+1} \ .$$

Mit dem Startpaar $(a_1, b_1) = (a,b)$ legt also die rekursive Definition der Aufgabenstellung gerade die Folgen (A_n) und (B_n) fest. Somit gilt für alle natürlichen Zahlen n:

$$a_n = 2^{n-1} \cdot a - (a+b) \cdot [2^{n-1} \cdot \frac{a}{a+b}] \ .$$

Genau dann hat a_n den Wert null, wenn gilt

$$2^{n-1} \cdot a = (a+b) \cdot [\, 2^{n-1} \cdot \frac{a}{a+b} \,], \quad \text{also} \quad 2^{n-1} \cdot \frac{a}{a+b} = [\, 2^{n-1} \cdot \frac{a}{a+b}] \ ;$$

das bedeutet aber gerade, daß $2^{n-1} \cdot \frac{a}{a+b}$ eine natürliche Zahl ist.

Als notwendig und hinreichend für das Verschwinden eines Folgengliedes a_k ergibt sich somit die nachfolgende Bedingung (2):

(2) $\frac{a}{a+b}$ läßt sich darstellen als Quotient aus einer natürlichen Zahl und einer Zweierpotenz.

Aufgabe 4

Eine Kugel wird von allen vier Seiten eines räumlichen Vierecks berührt. Man beweise, daß alle vier Berührpunkte in ein und derselben Ebene liegen.

Vorbemerkungen zur Bezeichnung

In allen nachfolgenden Lösungen werden die Ecken des räumlichen Vierecks mit A,B,C,D bezeichnet. Der Berührpunkt der Kugel mit AB sei R, ihr Berührpunkt mit BC sei S, der Berührpunkt mit CD sei T, und schließlich berühre DA die Kugel im Punkte U. Die Länge des Streckenabschnitts zwischen Ecke des Vierecks und Berührpunkt sei entsprechend der Ecke bezeichnet, also $\overline{AU}=\overline{AR}=a$, $\overline{BR}=\overline{BS}=b$, $\overline{CS}=\overline{CT}=c$, $\overline{DT}=\overline{DU}=d$.

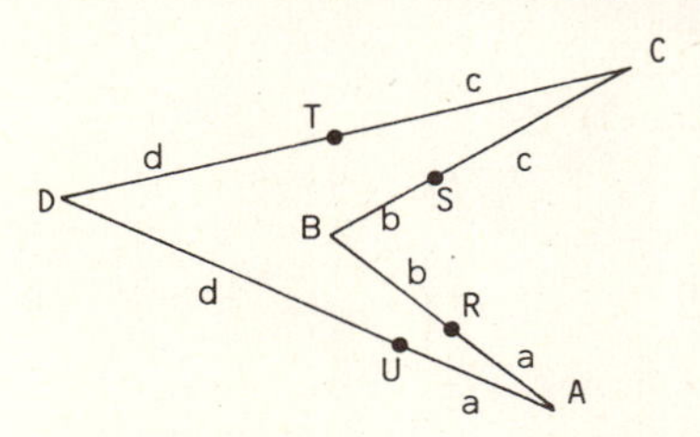

Sonderfälle und Ausartungen des Vierecks - etwa wenn zwei benachbarte Vierecksseiten in einer Tangentialebene der Kugel liegen und die beiden Berührpunkte daher in der gemeinsamen Ecke zusammenfallen, oder wenn Ecken des Vierecks zusammenfallen - brauchen nicht gesondert betrachtet zu werden, da in diesen Fällen weniger als vier Berührpunkte auftreten, die Komplanarität der Berührpunkte also dann trivialerweise gegeben ist.

Vorbemerkung zu Lösung 1: Diese Lösung benutzt als entscheidendes Hilfsmittel den Satz von Menelaos, der im Anhang an die Lösung formuliert und bewiesen wird.

Lösung 1

Die Geraden (UR) und (BD) liegen beide in der Ebene des Dreiecks ABD, sie schneiden sich also oder sind parallel.

Sind (UR) und (DB) Parallelen, so folgt nach dem ersten Strahlensatz b = d, also ist (nach der Umkehrung des ersten Strahlensatzes) auch (TS) parallel zu (DB). Somit sind (UR) und (TS) Parallelen, die Punkte U, R, S und T liegen in einer Ebene.

Zu betrachten ist nur noch der Fall, daß sich (UR) und (DB) in einem Punkte E schneiden. Dann können auch (TS) und (DB) keine Parallelen sein, da sonst analog zu obiger Überlegung (UR) und (DB) parallel wären. Der Schnittpunkt von (TS) mit (DB) heiße F .

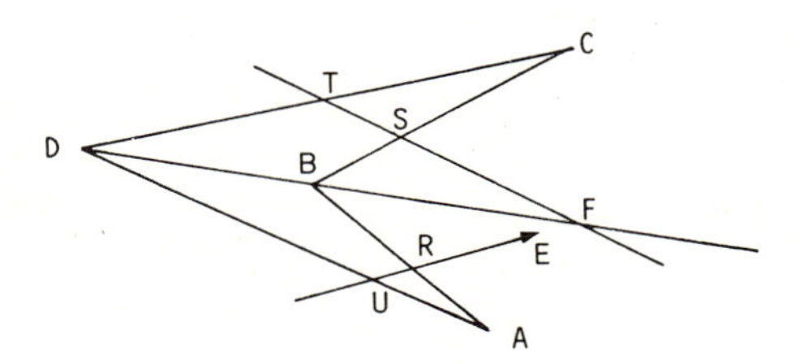

Nach dem Satz von Menelaos, angewendet auf Dreieck ABD, gilt

$$\frac{BE}{ED} \cdot \frac{DU}{UA} \cdot \frac{AR}{RB} = 1 \text{ , also } \frac{BE}{ED} = \frac{b}{d} \text{ .}$$

Für Dreieck BCD erhält man entsprechend

$$\frac{BF}{FD} \cdot \frac{DT}{TC} \cdot \frac{CS}{SB} = 1 \text{ , also } \frac{BF}{FD} = \frac{b}{d} \text{ .}$$

E und F teilen DB somit im gleichen Verhältnis. Da keiner der beiden Punkte zwischen D und B liegen kann (- sonst hätte Dreieck BCD mit (ST) drei Schnittpunkte -), müssen E und F zusammenfallen. Die Geraden (UR) und (ST) gehen also durch einen gemeinsamen Punkt, liegen somit in einer gemeinsamen Ebene. Insbesondere sind daher die Punkte R, S, T und U komplanar.

Anhang zu Lösung 1 (Satz von Menelaos)

ABC sei ein Dreieck und g eine nicht zu (AB) parallele Gerade, die die Dreiecksseiten AC und BC schneidet und durch keine Ecke des Dreiecks läuft. Die Gerade g schneide AC in R, BC in S und (AB) in T; dann gilt:

$$\frac{AR}{RC} \cdot \frac{CS}{SB} \cdot \frac{BT}{TA} = 1 \text{ .}$$

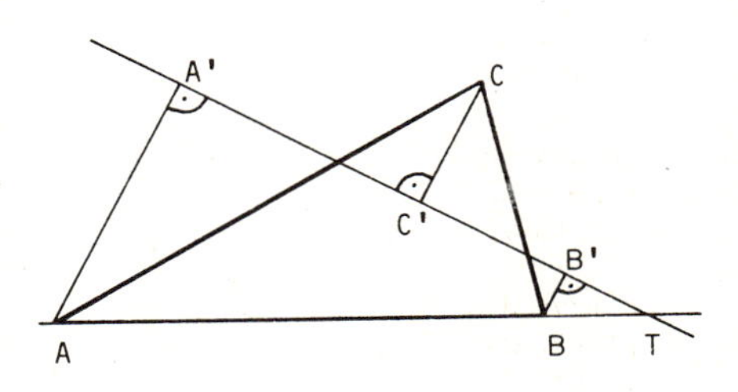

Zum Beweis fällt man die Lote von A, B und C auf g; die Fußpunkte seien A', B', C'. Es entstehen drei Paare ähnlicher Dreiecke: $\triangle ARA'$ und $\triangle CRC'$, $\triangle CSC'$ und $\triangle BSB'$, $\triangle BTB'$ und $\triangle ATA'$. Man gewinnt daher die folgenden Beziehungen:

$$\frac{AR}{RC} = \frac{AA'}{CC'} \text{ , } \frac{CS}{SB} = \frac{CC'}{BB'} \text{ und } \frac{BT}{TA} = \frac{BB'}{AA'} \text{ .}$$

Das Produkt der drei jeweils rechts von Gleichheitszeichen stehenden Quotienten ergibt 1. Durch Multiplikation erhält man daher

$$\frac{AR}{RC} \cdot \frac{CS}{SB} \cdot \frac{BT}{TA} = 1 \text{ .}$$

Lösung 2 (vektoriell)

Der Nullpunkt des dreidimensionalen Punktraumes wird auf A gelegt; die Längeneinheit sei so gewählt, daß AD die Länge 1 hat.

Zu der durch den Pfeil $\overrightarrow{AB}$ bestimmten Richtung gehöre der normierte Vektor $\vec{x}$, zur Richtung von $\overrightarrow{BC}$ der normierte Vektor $\vec{y}$ und zur Richtung von $\overrightarrow{CD}$ der normierte Vektor $\vec{z}$.

Für die Ortsvektoren der Punkte R, S, T erhält man:

$$\vec{r} = a\vec{x}, \quad \vec{s} = \vec{r} + b(\vec{x} + \vec{y}), \quad \vec{t} = \vec{s} + c(\vec{y} + \vec{z}) .$$

Für den Ortsvektor von U ergibt sich:

$$\begin{aligned}\vec{u} &= a(\vec{t} + d\vec{z}) \\ &= a(a\vec{x} + b(\vec{x}+\vec{y}) + c(\vec{y}+\vec{z}) + d\vec{z}) \\ &= a((a+b)\vec{x} + (b+c)\vec{y} + (c+d)\vec{z})\end{aligned}$$

D T C S R U A $\overline{AD}=1$

R,S und T können als paarweise verschiedene Punkte einer Kugel nicht auf einer gemeinsamen Geraden liegen; sie bestimmen also eine Ebene. Als Parameterdarstellung eines Punktes P in dieser Ebene gewinnt man:

$$\begin{aligned}\vec{p} &= \vec{r} + v(\vec{s} - \vec{r}) + w(\vec{t} - \vec{s}) \\ &= a\vec{x} + bv(\vec{x} + \vec{y}) + cw(\vec{y} + \vec{z}). \\ &= (a+bv)\vec{x} + (bv+cw)\vec{y} + cw\vec{z}\end{aligned}$$

Für die speziellen Parameter $v := (ab-ad)/b$, $w := (ac+ad)/c$ erhält man

$$\begin{aligned}\vec{p} &= a(1+b-d)\vec{x} + a(b-d+c+d)\vec{y} + a(c+d)\vec{z} \\ &= a(a+b)\vec{x} + a(b+c)\vec{y} + a(c+d)\vec{z} \\ &= \vec{u} .\end{aligned}$$

U liegt also in der von R, S und T bestimmten Ebene.

Lösung 3 (ebenfalls vektoriell)

R wird als Nullpunkt gewählt. Die Ortsvektoren der Punkte A, B, C, D seien mit $\vec{a}$, $\vec{b}$, $\vec{c}$ und $\vec{d}$ bezeichnet. Für die Ortsvektoren der Punkte R, S, T und U ergibt sich hiermit:

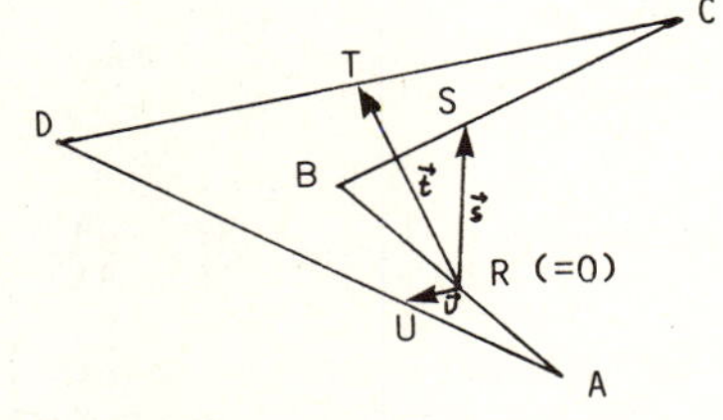

$$\vec{o} = \vec{r} = \frac{b\vec{a} + a\vec{b}}{a + b}, \quad \vec{s} = \frac{c\vec{b} + b\vec{c}}{b + c}, \quad \vec{t} = \frac{d\vec{c} + c\vec{d}}{c + d}, \quad \vec{u} = \frac{a\vec{d} + d\vec{a}}{d + a} .$$

Notwendig und hinreichend zur Komplanarität von R, S, T und U ist die lineare Abhängigkeit von s, t und u.

$$ad(b+c)\vec{s} - ab(c+d)\vec{t} + cd(a+d)\vec{u} =$$

$$= ad(c\vec{b} + b\vec{c}) - ab(d\vec{c} + c\vec{d}) + bc(a\vec{d} + d\vec{a})$$

$$= acd\vec{b} + abd\vec{c} - abd\vec{c} - abc\vec{d} + abc\vec{d} + bcd\vec{a} = cd(a\vec{b} + b\vec{a}) = \vec{o} \ .$$

Da sich der Nullvektor als nicht-triviale Linearkombination von $\vec{s}$, $\vec{t}$, $\vec{u}$ darstellen läßt ($ad(b+c) \neq 0$!), sind $\vec{s}, \vec{t}$ und $\vec{u}$ linear abhängig; damit ist der Nachweis der Komplanarität von R, S, T und U erbracht.

Lösung 4

OBdA sei a die kleinste der Zahlen a, b, c, d; dies läßt sich ggfs. durch zyklische Umbezeichnung der Größen des Vierecks stets erreichen.

Ist nun $a=c$, so sind die Dreiecke ACD und ABC gleichschenklig. Nach der Umkehrung des ersten Strahlensatzes ist dann (AC) parallel zu (UT) und parallel zu (RS). Da dann auch (UT) und (RS) zueinander parallel sind, liegen R, S, T, U in einer gemeinsamen Ebene.

Es ist also nur noch der Fall $a < c$ zu untersuchen.

Die Parallele zu (UT) durch A schneidet (DC) in einem Punkte E; wegen $a < c$ liegt E zwischen C und T. Die Parallele zu (RS) durch A schneidet entsprechend (BC) in einem Punkt F zwischen S und C.

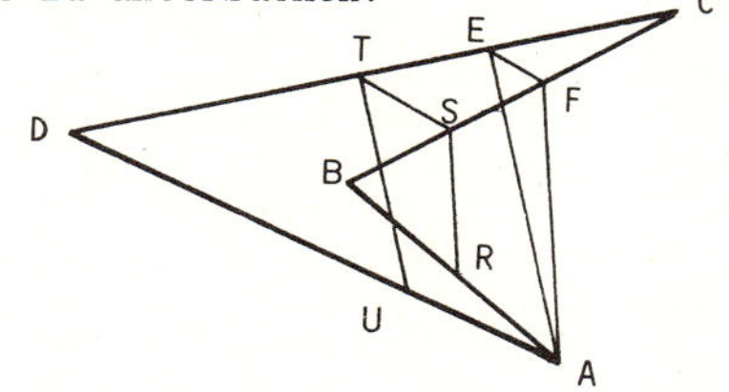

Nach dem ersten Strahlensatz (Scheitel D) ist $\overline{ET} = a$; ebenso ist nach dem ersten Strahlensatz (Scheitel B) $\overline{SF} = a$. Die Strecken FC und CE haben also beide die Länge $c-a$. Nach der Umkehrung des ersten Strahlensatzes sind daher (EF) und (ST) parallel.

Zusammen hat man also

$$(RS) \parallel (AF), \quad (ST) \parallel (EF) \quad \text{und} \quad (TU) \parallel (EA) \quad .$$

Die Ebene durch R, die parallel zur Ebene des Dreiecks AFE verläuft, enthält somit S, T und U; R,S,T und U sind also komplanar.

Lösung 5

Da eine Kugel nicht drei kollineare Punkte enthalten kann, bestimmen R, S und T eindeutig eine Ebene E, die sie enthält.

Liegt A in E, so gilt dies für alle vier Punkte A,B,C,D, denn mit A und R enthält die Ebene die Gerade (AR), also auch B, mit B und S enthält sie auch C, mit C und T muß sie dann auch D enthalten. Da U auf (AD) liegt, ist dann auch U ein Punkt von E .

Es darf also im weiteren angenommen werden, daß A kein Punkt von E ist. Der Streckenzug ABCD schneidet dann dreimal die Ebene, insbesondere liegen A und D in verschiedenen Halbräumen von E. Die Strecke AD schneidet also E; der Schnittpunkt sei mit P bezeichnet. Zur Lösung der Aufgabe genügt der Nachweis, daß P = U ist.

Die zur Ebene senkrechten Geraden durch A, B, C bzw. D schneiden E in Punkten A', B', C' bzw. D'. Die Länge der Strecke DP wird mit x, die Länge von PA mit y bezeichnet.

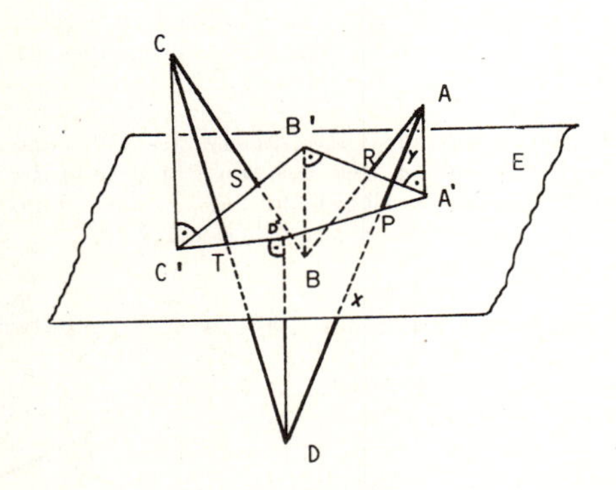

Wegen der Übereinstimmung in allen Winkeln ist das Dreieck ARA' ähnlich zu dem Dreieck BRB', ebenso ist das Dreieck BSB' ähnlich zu dem Dreieck CSC', ist das Dreieck CTC' ähnlich zu dem Dreieck DTD' und ist das Dreieck DPD' dem Dreieck APA' ähnlich.

Aus der Ähnlichkeit der Dreiecke läßt sich ablesen:

$$\frac{a}{b} = \frac{A'A}{B'B}, \quad \frac{b}{c} = \frac{B'B}{C'C}, \quad \frac{c}{d} = \frac{C'C}{D'D}, \quad \frac{x}{y} = \frac{D'D}{A'A}.$$

Das Produkt der vier rechten Seiten der Gleichungen ergibt offenbar 1, das Produkt der linken Seiten muß somit ebenfalls 1 sein;

man erhält daher $a:d = y:x$.

P teilt die Strecke AD im gleichen Verhältnis wie U, beide Punkte fallen also zusammen. Damit ist der Beweis abgeschlossen.

Lösung 6 (abbildungsgeometrisch)

Es wird benutzt, daß das Verknüpfen (durch Nacheinanderausführen) zweier zentrischer Streckungen im Raum eine Translation ergibt, falls das Produkt der Streckfaktoren 1 beträgt; andernfalls ergibt sich wieder eine zentrische Streckung.

Die zentrische Streckung mit Streckzentrum Z und Streckfaktor s sei mit Z(s) bezeichnet.

Nun sei f die Abbildung, die sich durch Verknüpfen von R(−b/a) mit S(−c/b) ergibt.

g sei die Abbildung, die durch Nacheinanderausführen von U(−d/a) und T(−c/d) entsteht.

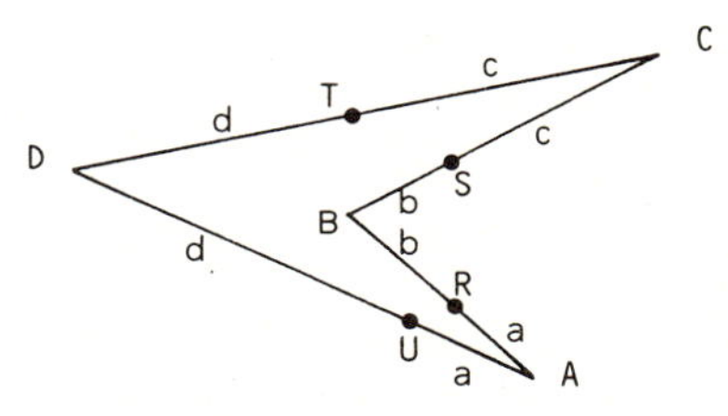

Dann ist (RS) eine Fixgerade von f, (UT) eine Fixgerade von g.

$$A \xrightarrow{R(-b/a)} B \xrightarrow{S(-c/b)} C \quad , \quad A \xrightarrow{U(-d/a)} D \xrightarrow{T(-c/d)} C$$

$$\xrightarrow[f]{\qquad\qquad\qquad} \qquad\qquad \xrightarrow[g]{\qquad\qquad\qquad}$$

Ist a = c, so sind f und g Translationen, die beide A in C überführen. (RS) und (TU) sind daher zu (AC), also auch zueinander parallel, woraus sich die Komplanarität von R, S, T, U ergibt.

Ist a ≠ c, so sind f und g zentrische Streckungen mit dem gleichen Streckfaktor a/c . Da beide A in den Punkt C überführen, müssen beide den selben Punkt X als Streckzentrum haben. Aus der Kollinearität von R, S, X und der Kollinearität von U, T, X ergibt sich, daß R, S, T, U komplanar sind.

Lösung 7 (mechanisch)

Die Punkte A, B, C, D werden mit den Massen 1/a, 1/b, 1/c, 1/d versehen.

Wegen a·(1/a) = b·(1/b) ist R der Schwerpunkt von A und B.

Analog ist S der Schwerpunkt von B und C, T der Schwerpunkt von C und D, U der Schwerpunkt von D und A.

Der Gesamtschwerpunkt G von A, B, C, D muß auf RT liegen, da man A und B in R, C und D in T zusammenfassen kann; G muß aber auch auf SU liegen, da man B und C in S und entsprechend D und A in U zusammenfassen kann.

Da sich somit die Strecken RT und SU schneiden, sind die Punkte R, S, T, U komplanar.

Aufgaben 1985 1. Runde

1. Vierundsechzig Spielwürfel gleicher Größe mit den Augenzahlen "Eins" bis "Sechs" werden auf einen Tisch geschüttet und zu einem Quadrat mit acht waagerechten und acht senkrechten Würfelreihen zusammengeschoben. Durch Drehen der Würfel, unter Beibehaltung ihres Platzes, soll erreicht werden, daß schließlich bei allen vierundsechzig Würfeln die "Eins" nach oben zeigt. Die Würfel dürfen jedoch nicht einzeln gedreht werden, sondern es ist nur erlaubt, jeweils alle acht Würfel einer waagerechten oder senkrechten Reihe gemeinsam um 90° um die Längsachse dieser Reihe zu drehen.

   Man beweise, daß es stets möglich ist, die Würfel durch mehrfaches Anwenden der erlaubten Drehungsart in die geforderte Endlage zu bringen.

2. Man beweise, daß in jedem Dreieck für jede seiner Höhen gilt: Projiziert man den Fußpunkt der Höhe senkrecht auf die beiden anderen Höhen und die zugehörigen Seiten, so liegen die vier Bildpunkte auf einer Geraden.

3. Ausgehend von der Folge $F_1 = (1,2,3,4,\ldots)$ der natürlichen Zahlen werden weitere Folgen F_2, F_3, F_4, ... nach folgender Vorschrift gebildet:

   F_{n+1} entsteht aus F_n, indem unter Beibehaltung der Reihenfolge zu den durch n teilbaren Gliedern von F_n jeweils 1 addiert wird, während die übrigen Glieder unverändert übernommen werden.

   So erhält man z.B.: $F_2 = (2,3,4,5,\ldots)$ und $F_3 = (3,3,5,5,\ldots)$.

   Man bestimme alle natürlichen Zahlen n mit der Eigenschaft, daß genau die ersten $n-1$ Glieder von F_n den Wert n haben.

4. Jeder Punkt des dreidimensionalen Raumes wird mit genau einer der Farben Rot, Grün, Blau gefärbt. Die Mengen R bzw. G bzw. B bestehen aus den Längen derjenigen Strecken im Raum, deren beide Endpunkte gleichfarbig rot bzw. grün bzw. blau gefärbt sind.
   Man zeige, daß mindestens eine dieser drei Mengen alle nichtnegativen reellen Zahlen enthält.

Aufgaben 1985 2. Runde

1. Man beweise, daß keine der binär geschriebenen Zahlen 11, 111, 1111, ... eine Quadratzahl, Kubikzahl oder höhere Potenz einer natürlichen Zahl ist.

2. Die Inkugel eines beliebigen Tetraeders habe den Radius r. An diese Inkugel werden die vier Tangentialebenen parallel zu den Seitenflächen des Tetraeders gelegt. Sie schneiden vom Tetraeder vier kleinere Tetraeder ab, deren Inkugelradien r_1, r_2, r_3 und r_4 seien.

   Man beweise : $r_1 + r_2 + r_3 + r_4 = 2r$.

3. Von einem Punkt im Raum gehen n Strahlen aus, wobei der Winkel zwischen je zwei dieser Strahlen mindestens 30° beträgt.

   Man beweise, daß n kleiner als 59 ist.

4. Bei einer Versammlung treffen sich 512 Personen. Unter je sechs dieser Personen gibt es immer mindestens zwei, die sich gegenseitig kennen.

   Man beweise, daß es auf dieser Versammlung sicher sechs Personen gibt, die sich alle gegenseitig kennen.

Lösungen 1985 1. Runde

Aufgabe 1

Vierundsechzig Spielwürfel gleicher Größe mit den Augenzahlen "Eins" bis "Sechs" werden auf einen Tisch geschüttet und zu einem Quadrat mit acht waagerechten und acht senkrechten Würfelreihen zusammengeschoben. Durch Drehen der Würfel, unter Beibehaltung ihres Platzes, soll erreicht werden, daß schließlich bei allen vierundsechzig Würfeln die "Eins" nach oben zeigt. Die Würfel dürfen jedoch nicht einzeln gedreht werden, sondern es ist nur erlaubt, jeweils alle acht Würfel einer waagerechten oder senkrechten Reihe gemeinsam um 90° um die Längsachse dieser Reihe zu drehen.

Man beweise, daß es stets möglich ist, die Würfel durch mehrfaches Anwenden der erlaubten Drehungsart in die geforderte Endlage zu bringen.

Beweis 1

Zunächst wird die Wirkung jener Drehungsfolge untersucht, bei der ein vor dem Operierenden auf dem Tisch liegender Würfel zuerst (alles jeweils um 90°) nach hinten, dann nach rechts, dann nach vorne und dann nach links gekippt wird:

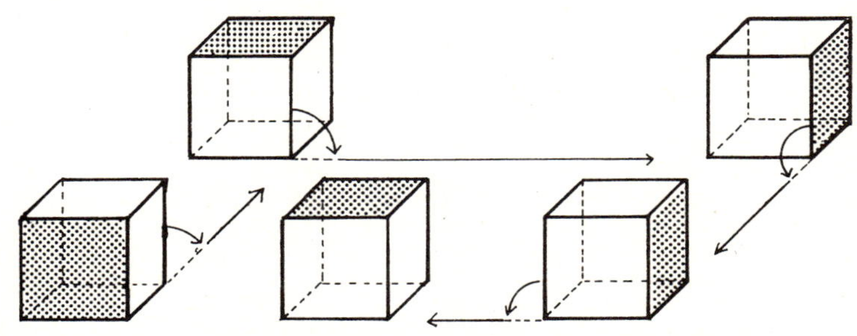

Die dem Operierenden zugewandte Würfelfläche (die Frontfläche) gelangt durch die erste Drehung nach oben, durch die zweite nach rechts, bleibt dort bei der dritten Drehung und gelangt durch die vierte Drehung nach oben.

Ist dieser Würfel, der zur Heraushebung als Zielwürfel bezeichnet wird, Teil einer gemäß der Aufgabenstellung vorgenommenen Anordnung, so müssen im Sinne einer erlaubten Umformung zwar die Drehungen nach rechts und links mit der gesamten senkrechten Reihe des Zielwürfels, die Drehungen nach hinten und vorn mit der gesamten waagerechten Reihe des Zielwürfels ausgeführt werden, jedoch haben alle Würfel - außer dem betrachteten - nach der Drehungsfolge wieder ihre alte Lage, da sie entweder gar nicht bewegt wurden oder mit ihnen nur zwei zueinander inverse Drehungen erfolgt sind.

Liegt bei allen Würfeln die "Eins" bereits oben, so ist man schon fertig. Andernfalls wähle man einen beliebigen Würfel, bei dem die "Eins" noch nicht nach oben zeigt, als Zielwürfel:

1. Fall: Der Würfel liegt mit der "Eins" nach unten (beim üblichen Spielwürfel liegt dann die "Sechs" oben). Dann führe man zu diesem Zielwürfel die oben beschriebene Drehungsfolge aus. Danach zeigt die "Eins" nach einer der vier Seiten.

2. Fall: Die "Eins" zeigt nach einer der vier Seiten. Man stelle sich auf diese Seite des Tisches, so daß man auf die die "Eins" zeigende Fläche des Zielwürfels blickt (bzw. blicken würde, wäre die Fläche nicht durch Nachbarn verdeckt). Nach der Ausführung der angegebenen Drehungsfolge liegt die "Eins" des Zielwürfels oben.

Da durch Ausführung der Drehungsfolgen jeweils nur die Lage des Zielwürfels verändert wird, kann man dieses Verfahren so lange nacheinander mit allen Würfeln, die noch keine "Eins" oben aufweisen, wiederholen, bis das gewünschte Endbild erreicht ist.

Beweis 2

Man stelle sich (gedanklich) so vor die quadratische Platte aus Würfeln, wie man vor einem Schachbrett sitzt. Die waagerechten Reihen (beim Schach mit den Zahlen von 1 bis 8 gekennzeichnet) werden als Zeilen, die senkrechten Reihen als Spalten bezeichnet. Durch die Position des Betrachters sind bei jedem Würfel die sechs Flächen durch die Angaben oben, unten, vorne, hinten, links, rechts zu kennzeichnen.

Beim Drehen einer Zeile bleiben bei den Würfeln in dieser Zeile die Augenzahlen rechts und links, beim Drehen einer Spalte bleiben die Augenzahlen vorne und hinten bei jedem Würfel der Spalte an ihrem Platz. Eine Zeile heiße "vorgeordnet", wenn bei allen Würfeln dieser Zeile die "Eins" vorne liegt. Vorgeordnete Zeilen behalten bei Spaltendrehungen diese Eigenschaft offensichtlich bei. Die Vorgehensweise besteht nun in einem zeilenweisen Vorordnen:

Solange noch eine der Zeilen nicht vorgeordnet ist, gehe man mit dieser Zeile von links nach rechts mit jedem der acht Würfel folgendermaßen vor:

- Durch Drehen der Zeile erreicht man, daß die "Eins" oben oder (immer noch) rechts oder links liegt. Durch Drehen der Spalte gelangt die "Eins" nach links. Weitere Drehungen der Zeile oder anderer Spalten ändern an dieser Lage nichts.

- Durch Drehen aller Spalten um 90° nach rechts gelangt bei allen Würfeln der Zeile die "Eins" nach oben, durch Drehen der Zeile um 90° nach vorne erreicht man, daß die Zeile vorgeordnet ist.

Da eine bereits vorgeordnete Zeile hierbei nur noch Spaltendrehungen erfährt, können so nacheinander alle acht Zeilen vorgeordnet werden. Kippt man nun alle acht Zeilen um 90° nach hinten, so erhält man die angestrebte Anordnung, bei der alle Würfel mit der "Eins" nach oben zeigen.

Aufgabe 2

Man beweise, daß in jedem Dreieck für jede seiner Höhen gilt: Projiziert man den Fußpunkt der Höhe senkrecht auf die beiden anderen Höhen und die zugehörigen Seiten, so liegen die vier Bildpunkte auf einer Geraden.

Beweis 1 (elementargeometrisch)

Ecken, Seiten, Winkel und Höhen des Dreiecks seien wie üblich bezeichnet (s. Zeichnung zu Fall 4). Der Höhenschnittpunkt sei H, die Höhenfußpunkte seien A', B', C'; hiervon sei C' der ausgewählte. Die Fußpunkte der von C' aus gefällten Lote auf a, b, h_a, h_b seien R, U, S, T; diese vier Punkte werden nachstehend auch als "Bildpunkte von C' im Dreieck A,B,C" bezeichnet.

1. Fall: Dreieck ABC ist rechtwinklig.
2. Fall: $\alpha > 90°$.
3. Fall: $\beta > 90°$.
4. Fall: $\gamma > 90°$.
5. Fall: Dreieck ABC ist spitzwinklig (Hauptfall).

Zu Fall 1: Hier ist die Behauptung trivialerweise richtig, da bei $\alpha=90°$ bzw. $\beta=90°$ drei der vier Punkte zusammenfallen (U=S=T bzw. R=S=T) und bei $\gamma=90°$ zweimal zwei der vier Punkte (R=T und U=S) .

Zu Fall 2: Durch Umbezeichnen läßt sich dieser Fall in Fall 3 überführen, braucht also nicht eigens behandelt zu werden.

Zu Fall 3: Im Viereck A'HC'B liegen bei A' und C' rechte Winkel; die Winkel bei B und H ergänzen sich daher zu 180° . ∢ CHA hat also die Größe 180°−β (Scheitelwinkelsatz) und ist mithin spitz. Also ist Dreieck AHC spitzwinklig. In diesem spitzwinkligen Dreieck ist C' der Fußpunkt der Höhe durch A; S, T, R, U sind in diesem Dreieck die zu C' gehörenden Bildpunkte.

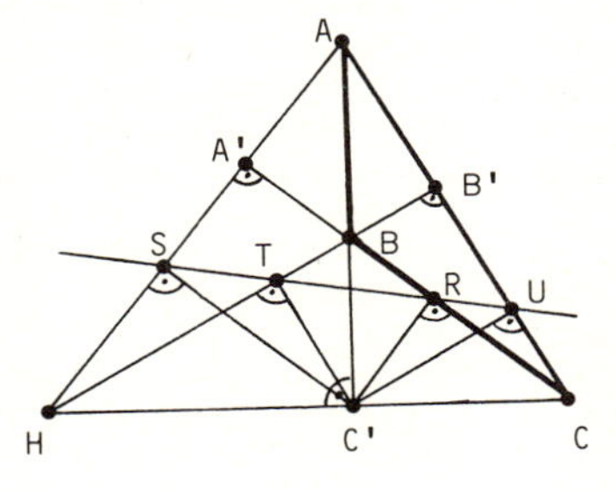

Zum Nachweis der Kollinearität genügt also hier der Beweis für den Hauptfall.

Zu Fall 4: Im Viereck A'HB'C liegen bei A' und B' rechte Winkel; die Winkel bei C und H ergänzen sich daher zu 180° . ∡ AHB hat also die Größe 180°−γ (Scheitelwinkelsatz) und ist mithin spitz.

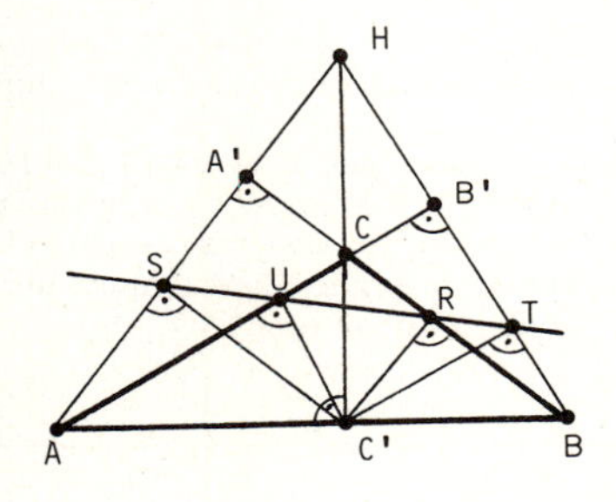

Also ist Dreieck ABH spitzwinklig. In diesem spitzwinkligen Dreieck ist C' der Fußpunkt der Höhe durch H; T, S, R, U sind in diesem Dreieck die zu C' gehörenden Bildpunkte.

Zum Nachweis der Kollinearität genügt also auch hier der Beweis für den Hauptfall.

Zu Fall 5 (Hauptfall):

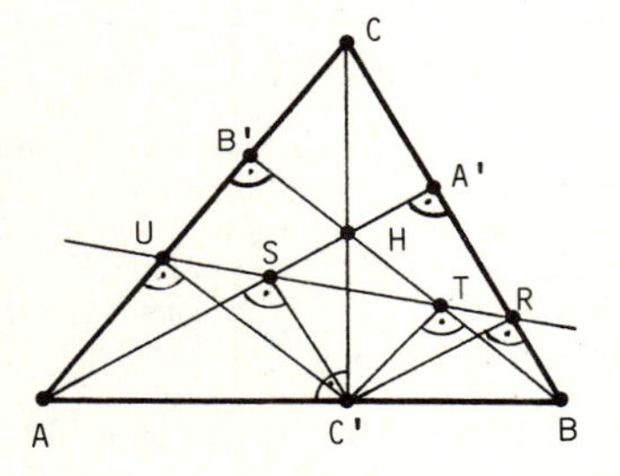

Die Vierecke AC'SU, BC'TR und C'THS sind nach der Umkehrung des Satzes von Thales Sehnenvierecke. Also ergibt sich:

$$\sphericalangle\, USC' = 180° - \alpha ,$$

$$\sphericalangle\, C'TR = 180° - \beta .$$

Es gilt: ∡ C'ST = ∡ C'HT (Peripheriewinkelsatz)

= ∡ CHB' (Scheitelwinkelsatz)

= α (Ähnlichkeit der Dreiecke AC'C und HB'C, da beide rechtwinklig sind mit gemeinsamem Winkel bei C.)

Folglich hat ∡ UST die Größe $(180° - \alpha) + \alpha$, ist also ein gestreckter Winkel.

Ganz entsprechend ist zu zeigen (bzw. wegen der Symmetrie der Aufgabenstellung bzgl. A, B unmittelbar zu folgern), daß auch ∡ RTS die Größe 180° hat. Alle Winkel des Streckenzuges USTR sind also gestreckt; damit ist die Kollinearität der vier Bildpunkte zu C' bewiesen.

<u>Beweis 2</u> (analytisch)

Ein (kartesisches) Koordinatensystem wird so über das Dreieck ABC gelegt, daß die x-Achse die Seite AB enthält und die Ecke C auf der y-Achse liegt.

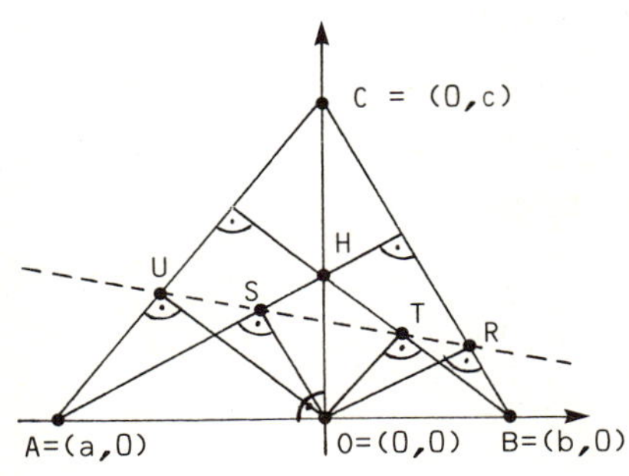

Die Gleichung der Geraden (BC) hat die Normalenform $cx+by=bc$; die zu (BC) senkrecht verlaufende Gerade (OR) hat also die Gleichung $bx - cy = 0$. Für R als Schnittpunkt dieser beiden Geraden gilt daher

$$R = \left(\frac{bc^2}{b^2+c^2}, \frac{b^2c}{b^2+c^2} \right) .$$

Die Trägergerade der Höhe h hat die Gleichung $bx - cy = ab$.

Durch Einsetzen von $x=0$ erhält man die Koordinaten des Höhenschnittpunktes:

$$H = (0, -\frac{ab}{c}).$$

Ersetzt man c in den Koordinaten von R durch $-ab/c$, so erhält man

$$T = \left(\frac{a^2b}{a^2+c^2}, \frac{-abc}{a^2+c^2} \right).$$

Es wird nun gezeigt, daß die Punkte R und T auf der Geraden g mit der Gleichung $(ac+bc)x + (ab-c^2)y = abc$ liegen. Da bei gegenseitigem Vertauschen von a und b die Gerade g wegen der Symmetrie der Gleichung bezüglich a und b in sich selber übergeht, T in S, R in U übergeht, ergibt sich damit dann sofort die Behauptung der Aufgabenstellung.

Einsetzen der Koordinaten von R in die Gleichung von g und Multiplikation mit b^2+c^2 ergibt:

$$(ac + bc)bc^2 + (ab - c^2)b^2c = abc(b^2 + c^2) .$$

Dies ist äquivalent zu der Identität

$$abc^3 + b^2c^3 + ab^3c - b^2c^3 = ab^3c + abc^3 .$$

R liegt also auf der Geraden g. Die Koordinaten von T genügen genau dann der Gleichung der Geraden g, wenn gilt:

$$(ac + bc)a^2b - (ab - c^2)abc = abc(a^2 + c^2),$$

also $$a^3bc + a^2b^2c - a^2b^2c + abc^3 = a^3bc + abc^3 .$$

Da die letzte Gleichung offensichtlich eine Identität darstellt, liegt auch T auf der Geraden g.

Nach der obigen Symmetrieüberlegung ist damit die Behauptung nachgewiesen.

Beweis 3 (abbildungsgeometrisch)

Wenn der Schnittpunkt H der drei Höhen mit einer der Ecken des Dreiecks zusammenfällt, ist das Dreieck rechtwinklig. In diesem Fall (vgl. Beweis 1, Fall 1) ist die Behauptung trivialerweise richtig. Für die folgenden Überlegungen sei also H verschieden von A, B und C.

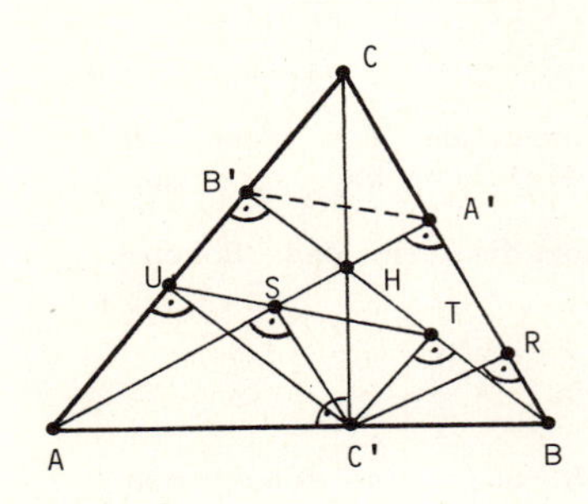

Bei einer zentrischen Streckung gehen Zentrumsgeraden in sich über; Original- und Bildgeraden sind parallel.

Die zentrische Streckung von A aus, bei der C' in B übergeht, führt daher U in B', S in A' über.

Die zentrische Streckung mit dem Zentrum H, bei der C in C' übergeht, führt A' in S, B' in T über.

Beim Nacheinander-Ausführen beider Streckungen geht daher die Strecke US in die Strecke ST über. Also müssen US und ST parallel sein; da S gemeinsamer Punkt beider Strecken ist, liegen U, S und T auf einer gemeinsamen Geraden.

Analog ergibt sich die Kollinearität von S, T und R. Insgesamt hat man daher gezeigt, daß U, S, T und R auf einer Geraden liegen.

Beweis 4 (mit Hilfe ähnlicher Dreiecke)

Gemäß Beweis 1 sei die Aufgabe auf den Fall des spitzwinkligen Dreiecks reduziert; die Punkte seien wieder wie beim Hauptfall in Beweis 1 bezeichnet. Z sei der Schnittpunkt der Strecken C'U und AS, P sei der Schnittpunkt der Geraden (C'S) mit Strecke AC.

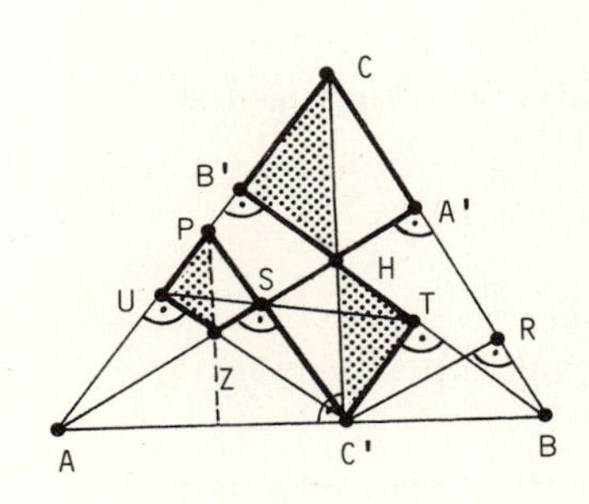

Z ist der Höhenschnittpunkt im Dreieck AC'P, die Gerade (PZ) steht somit senkrecht auf AC' und ist daher parallel zu CC'. Also haben die Dreiecke UZP, B'HC und THC' paarweise parallele Seiten und sind mithin zueinander ähnlich. Aus dem gleichen Grund sind die Dreiecke ZPS, HCA' und HC'S zueinander ähnlich.

Also sind auch die Vierecke UZSP und THSC' ähnlich.

Somit haben Winkel PSU und Winkel TSC' die gleiche Größe, der Winkel UST ist daher ein gestreckter.

Analog ergibt sich, daß T auf SR liegt; insgesamt hat man damit die Kollinearität von U, S, T und R.

Bemerkung zu Beweis 4:

Zum Beweis, daß die Vierecke UZSP und THSC' ähnlich sind, reicht es nicht, auf die paarweise parallelen entsprechenden Seiten hinzuweisen ! (Zu jedem Rechteck gibt es z.B. ein seitenparalleles Quadrat.)

Beweis 5

Wie in Beweis 4 wird nur die reduzierte Behauptung für den Fall spitzwinkliger Dreiecke bewiesen.

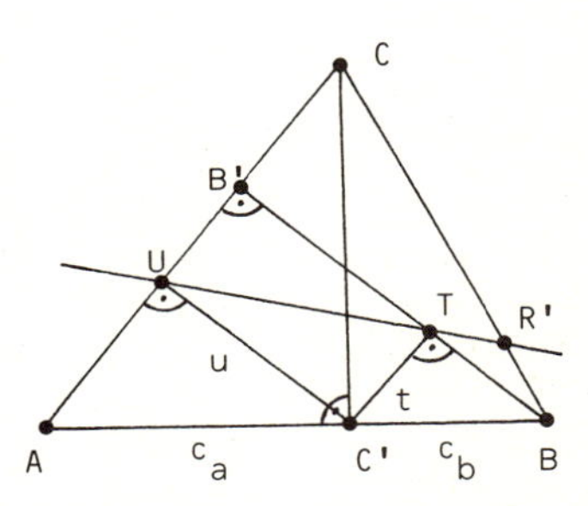

Die Punkte A, B, C, U und T seien wie im Hauptfall von Beweis 1 festgelegt. R' sei der Schnittpunkt von (UT) mit BC.

Es genügt der Nachweis, daß R'=R ist. Denn dann ist gezeigt, daß T auf UR liegt; aus Symmetriegründen liegt dann auch S auf UR, und die Behauptung ist nachgewiesen.

Die Länge von C'U wird mit u, die Länge von C'T mit t, die Längen von AC' bzw. C'B werden mit c_a bzw. mit c_b bezeichnet.

Da die Dreiecke AC'C und C'TB ähnlich sind, gilt $c_a : b = t : c_b$; weil die Dreiecke AC'U und ACC' ähnlich sind, gilt $u : c_a = h_c : b$. Durch Zusammenfassen beider Verhältnisgleichungen erhält man die Gleichung $u : t = h_c : c_b$. Daher sind die rechtwinkligen Dreiecke UC'T und CC'B zueinander ähnlich.

$\sphericalangle$ C'UT hat, da ähnlich zu $\sphericalangle$ C'CB, die Größe $90° - \beta$, $\sphericalangle$ R'UC hat also die Größe β. Somit sind die Dreiecke ABC und R'UC ähnlich.

Bezeichnet man die Länge von CU mit x, so gilt nach dem Kathetensatz, angewendet auf Dreieck AC'C, $x = h_c^2 : b$. Nun ergibt sich hieraus $h_c^2 : a$

- als Länge der Strecke CR aufgrund der in A und B symmetrischen Aufgabenstellung,
- als Länge der Strecke CR', da man für diese Länge aufgrund der Ähnlichkeit der Dreiecke ABC und R'UC den Wert $xb : a$ erhält.

Die Punkte R und R' fallen also zusammen. Nach den einleitenden Bemerkungen ist damit der Beweis erbracht.

Aufgabe 3

Ausgehend von der Folge $F_1 = (1,2,3,4,\ldots)$ der natürlichen Zahlen werden weitere Folgen F_2, F_3, F_4, ... nach folgender Vorschrift gebildet:

F_{n+1} entsteht aus F_n, indem unter Beibehaltung der Reihenfolge zu den durch n teilbaren Gliedern von F_n jeweils 1 addiert wird, während die übrigen Glieder unverändert übernommen werden.

So erhält man z.B.: $F_2 = (2,3,4,5,\ldots)$ und $F_3 = (3,3,5,5,\ldots)$.

Man bestimme alle natürlichen Zahlen n mit der Eigenschaft, daß genau die ersten n-1 Glieder von F_n den Wert n haben.

Ergebnis: Genau dann haben genau die ersten n-1 Glieder von F_n den Wert n, wenn n eine Primzahl ist.

Zum Beweis sei zunächst für $n,k \in N$ das k-te Glied der Folge F_n mit $F_n(k)$ bezeichnet.

Es genügt, die nachfolgenden Eigenschaften (0) - (4) nachzuweisen:

(0) Für alle $n \in N$ gilt $F_n(1) = n$.

(1) Für alle $n \in N$ ist F_n monoton zunehmend,

d.h. für alle n, k $\in$ N gilt : $F_n(k) \leq F_n(k+1)$.

(2) Für alle $n \in N$ mit $n > 1$ gilt $F_n(n) > n$.

(3) Wenn n eine Primzahl ist, so gilt $F_n(n-1) = n$.

(4) Wenn n keine Primzahl ist, so gilt $F_n(n-1) > n$.

(!) Durch (1) und (2) wird ausgeschlossen, daß ein Folgenglied $F_n(k)$ mit $k > n-1$ den Wert n hat.

Wegen (4) können bei einer Nichtprimzahl n die ersten n-1 Glieder nie alle den Wert n haben; wegen (!) kann der Wert n auch danach in der Folge F_n nicht mehr vorkommen.

Aus (0), (1) und (3) ergibt sich, daß bei einer Primzahl n die ersten n-1 Glieder von F_n den Wert n haben. Wegen (!) haben daher genau die ersten n-1 Glieder den Wert n.

Zu (0): Ist $F_n(1) = n$, so ist (wegen Teilbarkeit von n durch die Folgennummer) $F_{n+1}(1) = n+1$. Da $F_1(1) = 1$, gilt die Aussage für alle $n \in N$.

Zu (1): Ist F_n monoton zunehmend, so gilt

$$F_n(k) \leq F_n(k+1) \quad \text{für alle } k \in N .$$

Falls $F_n(k) = F_n(k+1)$, werden beim Übergang zu den entsprechenden Folgengliedern von F_{n+1} entweder beide um 1 erhöht oder beide nicht;

es gilt also $F_{n+1}(k) = F_{n+1}(k+1)$.

Ist hingegen $F_n(k) < F_n(k+1)$, so beträgt die Differenz wegen der Ganzzahligkeit der Folgenglieder mindestens 1; wird nur das kleinere Folgenglied $F_n(k)$ um 1 vergrößert, kann also dennoch $F_n(k+1)$ nicht übertroffen werden; werden beide Folgenglieder oder nur $F_n(k+1)$ um 1 vergrößert, bleibt die entsprechende Ungleichung für F_{n+1} trivialerweise erhalten.

Aus dem monotonen Zunehmen von F_n folgt also das monotone Zunehmen von F_{n+1}. Da F_1 offensichtlich monoton wächst, folgt Behauptung (1) durch vollständige Induktion über n.

Zu (2): Nach Definition der Folgen ist $F_1(n) = n$; somit gilt $F_2(n) = n+1$, da n durch 1 teilbar ist. Da ein Folgenglied beim Übergang zur nächsten Folge entweder um 1 zunimmt oder gleich bleibt, gilt $F_n(n) > n$.

Zu (3): $F_1(n-1) = n-1$; $F_2(n-1) = n$, da n-1 durch 1 teilbar ist. Ist nun n eine Primzahl, so gibt es außer 1 und n keine Teiler von n;

also gilt $F_i(n-1) = n = F_{i+1}(n-1)$ für $i=2,3,\dots,n$.

Insbesondere ist also $F_n(n-1) = n$.

Zu (4): $F_2(n-1) = n$. Zu einer zusammengesetzten Zahl n gibt es mindestens einen Teiler t mit $1<t<n$, so daß beim schrittweisen Übergang von $F_2(n-1)$ zu $F_n(n-1)$ mindestens einmal 1 addiert wird, bevor man $F_n(n-1)$ erreicht hat.

Also ist $F_n(n-1) > n$.

Damit ist nachgewiesen, daß die gesuchten Zahlen die Primzahlen – und nur diese – sind.

Aufgabe 4

Jeder Punkt des dreidimensionalen Raumes wird mit genau einer der Farben Rot, Grün, Blau gefärbt. Die Mengen R bzw. G bzw. B bestehen aus den Längen derjenigen Strecken im Raum, deren beide Endpunkte gleichfarbig rot bzw. grün bzw. blau gefärbt sind.

Man zeige, daß mindestens eine dieser drei Mengen alle nicht-negativen reellen Zahlen enthält.

Beweise (indirekt):

Annahme: Keine der drei Mengen R, G, B enthält alle nicht-negativen reellen Zahlen.

Dann gibt es eine nicht-negative Zahl r, die nicht in R liegt, eine nicht-negative Zahl g, die nicht in G liegt, und eine nicht-negative Zahl b, die nicht in B liegt. Die Zahlen r, g und b dürfen als positiv vorausgesetzt werden, denn wenn z.B. die Menge R die Zahl 0 nicht enthält, gibt es keine roten Punkte, also liegen dann sogar alle positiven Zahlen nicht in R.

Beweis 1

Ohne Beschränkung der Allgemeinheit darf vorausgesetzt werden

$$0 < r \leq g \leq b ,$$

da die Behauptung bzgl. R, G und B symmetrisch ist.

Es können nicht alle Punkte des Raumes rot sein, da R sonst alle Streckenlängen, also auch r, enthielte.

Falls es blaue Punkte gibt, wähle man einen blauen Punkt M. Wenn kein Punkt blau gefärbt ist, wähle man M als grünen Punkt.

S sei die Kugel um M mit dem Radius b. Dann können auf S keine blauen Punkte liegen, da es entweder gar keine blauen Punkte gibt (M grün) oder (im Falle M blau) ein blauer Punkt Q auf S mit der Strecke MQ für die Punktmenge B den Wert b liefern würde.

Alle Punkte auf S sind also rot oder grün. Da als Entfernungen von Punkten auf S alle nicht-negativen Zahlen $\leq 2b$ vorkommen, also auch r, kann S nicht nur aus roten Punkten bestehen; es gibt dort also mindestens einen grünen Punkt. Ein solcher grüner Punkt auf S sei P.

Die Kugel um P mit dem Radius g hat (wegen $g < 2b$) als Schnittmenge mit S einen Kreis C mit Mittelpunkt Z. Alle Punkte von C müssen rot sein, da ein grüner Punkt W auf C mit der Strecke PW für G das Element g liefern würde.

Der Radius des Kreises sei mit f bezeichnet. Die Skizze zeigt das Ergebnis eines ebenen Schnittes durch MP. Die in der Schnittebene liegenden Punkte des Kreises seien Q und R.

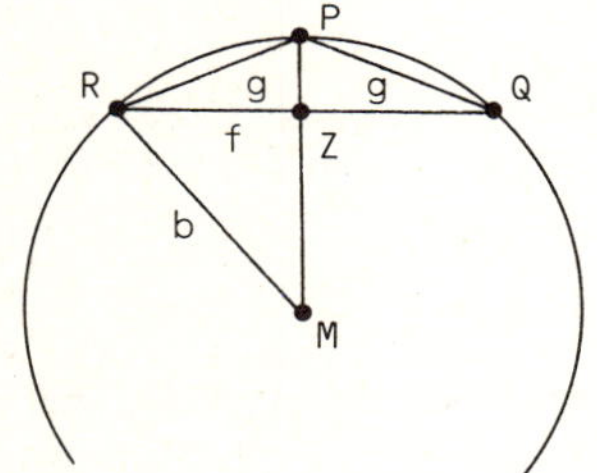

Wegen $g \leq b$ muß im gleichschenkligen Dreieck RMP ∢ MPR größer als 60° sein.

Im Dreieck RQP liegt also RQ einem Winkel gegenüber, der nicht kleiner als 120° ist. Somit ist QR die größte Seite in diesem Dreieck; es gilt:

$$g < 2f \ , \quad \text{also erst recht} \quad r < 2f \ .$$

Mithin gibt es auf C Punkte mit der Entfernung r. Die Menge R enthält also – im Widerspruch zur Annahme – den Wert r; die in der Aufgabenstellung erhobene Behauptung ist also richtig.

Beweis 2

Wenn eine der Mengen B oder G alle positiven Zahlen enthält, so enthält sie auch die Zahl 0, da es dann Punkte dieser Farbe gibt. Da dann nichts mehr zu zeigen ist, darf man annehmen, daß es eine positive Zahl b außerhalb von B und eine positive Zahl g außerhalb von G gibt. Zu einer beliebigen positiven Zahl r wird dann gezeigt, daß r in R liegt.

Zur Vereinfachung der Beschreibung wird die vektorielle Sprech- bzw. Schreibweise verwendet. Mit dem Begriff x-Tetraeder ist nachfolgend stets ein regelmäßiges Tetraeder der Kantenlänge x gemeint.

A_1, A_2, A_3, A_4 seien die Ecken eines r-Tetraeders. Entsprechend seien B_1, B_2, B_3, B_4 die Ecken eines g-Tetraeders und C_1, C_2, C_3, C_4 die Ecken eines b-Tetraeders. Die zugehörigen Ortsvektoren seien entsprechend mit $\vec{a}_i$, $\vec{b}_i$, $\vec{c}_i$ $(i=1,2,3,4)$ bezeichnet. P_{ijk} sei der Punkt mit dem Ortsvektor $\vec{a}_i + \vec{b}_j + \vec{c}_k$.

Für jedes der sechzehn Indexpaare (i,j) im definierten Bereich bilden die vier Punkte P_{ij1}, P_{ij2}, P_{ij3}, P_{ij4} die Eckpunkte eines b-Tetraeders; es ist aus dem ursprünglichen b-Tetraeder ja durch Verschiebung um $\vec{a}_i+\vec{b}_j$ entstanden. Jedes dieser 16 b-Tetraeder kann höchstens einen blauen Eckpunkt haben, so daß von den 64 Indextripeln (i,j,k) höchstens 16 zu blauen Punkten P_{ijk} gehören können.

Entsprechend zeigt die Betrachtung der g-Tetraeder mit den Eckpunkten P_{i1k}, P_{i2k}, P_{i3k}, P_{4i4k}, daß zu höchstens 16 der 64 Indextripel (i,j,k) grüne Punkte P_{ijk} gehören können.

Somit müssen zu mindestens 32 der Indextripel (i,j,k) rote Punkte P_{ijk} gehören. Mindestens zwei der roten Punkte müssen daher zum gleichen der 16 (nicht notwendigerweise paarweise verschiedenen) r-Tetraeder gehören. Hier treten also zwei rote Punkte mit der Entfernung r auf. Also enthält R die positive Zahl r; mithin enthält R alle positiven Zahlen und damit, da es rote Punkte gibt, auch die Zahl 0. Damit ist der Beweis abgeschlossen.

Lösungen 1985 2. Runde

Aufgabe 1

Man beweise, daß keine der binär geschriebenen Zahlen 11, 111, 1111, ... eine Quadratzahl, Kubikzahl oder höhere Potenz einer natürlichen Zahl ist.

Vorbemerkung

Die mit n Einsen binär geschriebene Zahl 11...1 ist die größte n-stellige Zahl im Zweiersystem, also 2^n-1. Zu beweisen ist somit, daß die Gleichung

$$(*) \quad 2^n - 1 = a^k$$

für natürliche Zahlen a,n,k mit $n \geq 2$ und $k \geq 2$ nicht erfüllbar ist.

Lösung 1

Nachfolgend werden notwendige Bedingungen für Lösungen von (*) hergeleitet:

Die linke Seite von (*) läßt den Viererrest 3, daher müssen a und k beide ungerade sein. Denn bei geradem a wäre a^k durch 4 teilbar, während a^k bei geradem k eine Quadratzahl wäre und daher wegen $(2z+1)^2 = 4(z^2+z)+1$ den Viererrest 1 hätte.

Es sind also notwendigerweise a und k ungerade mit $a \geq 3$ und $k \geq 3$.

Die mit alternierenden Vorzeichen und schrittweise um 1 fallenden Exponenten gebildete Summe

$$S = a^{k-1} - a^{k-2} +- \ldots + 1$$

enthält eine ungerade Zahl ungerader Summanden (nämlich k), ist also ungerade.

Soll nun (*) gelten, so muß wegen $a^k+1 = (a+1)S$ der ungerade Faktor S Teiler einer Zweierpotenz sein. Das geht aber höchstens für S=1, also $a^k+1 = a+1$. Da dies nur für a=1 oder k=1 möglich ist, ergibt sich insgesamt, daß (*) mit den an a, n, k gestellten Bedingungen nicht erfüllbar ist.

Lösung 2

Wenn $2^n-1 = a^k$ gelten soll, so muß a von der Form $4r-1$ und k ungerade sein, denn alle Potenzen der Zahlen $4r$ und $4r+2$ sind gerade, eine beliebige Potenz von $4r+1$ und gerade Potenzen von $4r-1$ sind von der Form $4s+1$, während 2^n-1 die Form $4s-1$ hat.

2^n $(=a^k+1)$ ist, da k eine ungerade Zahl ist, durch $a+1$ teilbar $[a^k+1 = (a+1)((-a)^{k-1}+(-a)^{k-2}+\ldots+1)]$; daher muß auch $a+1$ eine Zweierpotenz 2^s (mit $0<s<n$ sein), also $a = 2^s - 1$.

Daraus folgt nach dem binomischen Satz:

$$\begin{aligned} 2^n &= (2^s-1)^k + 1 \\ &= 2^{ks} - \binom{k}{k-1}2^{(k-1)s} +- \ldots -\binom{k}{2}2^{2s} + \binom{k}{1}2^s . \end{aligned}$$

Nach Division durch 2^s ergibt sich $2^{n-s} = 2t + k$ (t ganzzahlig), und das ist, da k ungerade ist, nur möglich für $n = s$. Das steht aber im Widerspruch zu $s<n$.

Bemerkung: (nach K.GUY: Unsolved Problems in Number Theory (1981))

1. Ist a eine ungerade und k eine beliebige natürliche Zahl, so gibt es stets unendlich viele Exponenten n derart, daß 2^n-1 durch a^k teilbar ist. Dies ist zum Beispiel der Fall für $n=m\cdot\varphi(a^k)$ wobei m eine beliebige natürliche Zahl ist und φ die Eulersche Funktion bedeutet.

2. Da die gemäß 1. berechneten Werte von n keine Primzahlen sind, liegt es nahe zu fragen, ob es auch Primzahlen p gibt, so daß 2^p-1 wenigstens durch das Quadrat einer natürlichen Zahl > 1 teilbar ist. Bis jetzt ist keine derartige Primzahl bekannt.

Aufgabe 2

Die Inkugel eines beliebigen Tetraeders habe den Radius r. An diese Inkugel werden die vier Tangentialebenen parallel zu den Seitenflächen des Tetraeders gelegt. Sie schneiden vom Tetraeder vier kleinere Tetraeder ab, deren Inkugelradien r_1, r_2, r_3 und r_4 seien.

Man beweise : $r_1 + r_2 + r_3 + r_4 = 2r$.

Lösung 1

Bezeichnungen: Die Eckpunkte des Tetraeders seien mit A_1, A_2, A_3, A_4 bezeichnet. Die vom Eckpunkt A_i ausgehende Tetraederhöhe habe die Länge h_i, die dem Eckpunkt A_i gegenüberliegende Seitenfläche (bzw. ihr Inhalt) sei F_i $(i=1,2,3,4)$. Mit V sei das Volumen des Tetraeders bezeichnet.

Nach der Formel für das Volumen eines Tetraeders gilt:

(1) $3V = F_1 h_1 = F_2 h_2 = F_3 h_3 = F_4 h_4$.

Zerlegt man das Tetraeder durch Verbinden der Eckpunkte mit dem Inkugelmittelpunkt in vier Teiltetraeder und betrachtet deren Volumina, so ergibt sich durch Addition:

(2) $3V = F_1 r + F_2 r + F_3 r + F_4 r$.

Aus (1) gewinnt man für $i=1,2,3,4$: $F_i = 3V/h_i$. Durch Einsetzen in (2) und Umformen erhält man:

(3) $1/r = 1/h_1 + 1/h_2 + 1/h_3 + 1/h_4$.

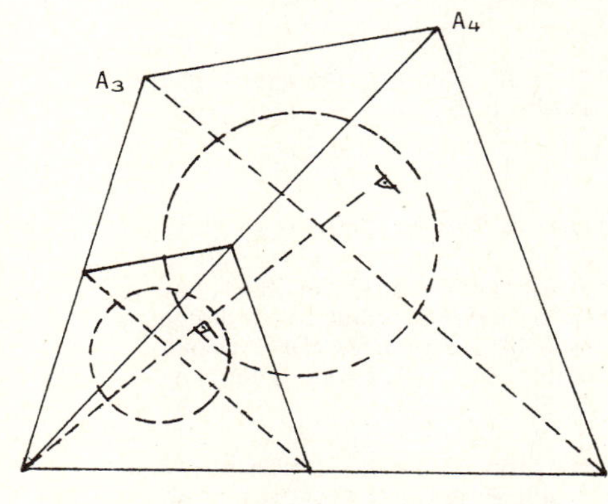

Die Tangentialebene der Inkugel parallel und punktfremd zu F_i schneide vom gegebenen Tetraeder für $i=1,2,3,4$ das Tetraederchen t_i mit dem Inkugelradius r_i ab. Dann entsteht t_i aus dem gegebenen Tetraeder durch zentrische Streckung von A_i aus. Da hierbei h_i in $h_i - 2r$ übergeht, gilt für den Streckfaktor k_i:

$k_i = (h_i - 2r)/h_i = 1 - 2r/h_i$.

Also ist $r_i = r \cdot k_i = r - 2r^2/h_i$.

Man hat daher $r_1 + r_2 + r_3 + r_4 = 4r - 2r^2(1/h_1 + 1/h_2 + 1/h_3 + 1/h_4)$,

also nach (3) $r_1 + r_2 + r_3 + r_4 = 2r$, w.z.z.w.

Lösung 2

Mit F_i $(i=1,2,3,4)$ seien wie in Lösung 1 die Seitenflächen des Tetraeders (bzw. deren Flächeninhalte) bezeichnet, F sei seine Oberfläche, V sein Volumen.

Durch die Wahl eines beliebigen Punktes im Inneren des Tetraeders wird eine Zerlegung in vier Tetraeder bestimmt, deren gemeinsame Ecke der gewählte Punkt ist. Wird der Abstand des gewählten Punktes von der Seitenfläche F_i mit h_i bezeichnet, so gilt nach der Volumenformel für das Tetraeder:

$$3V = h_1 F_1 + h_2 F_2 + h_3 F_3 + h_4 F_4 .$$

Diese Zerlegung wird nachfolgend für fünf verschiedene Punkte durchgeführt. Zunächst sei der gewählte Punkt einer der vier Inkugelmittelpunkte der gemäß Aufgabenstellung abgeschnittenen Tetraeder, so daß die obige Formel für $i=1,2,3,4$ liefert:

$$3V = (2r+r_i)F_i + (h_1F_1 + h_2F_2 + h_3F_3 + h_4F_4 - h_iF_i)$$

also für i=1,2,3,4 : $3V = 2rF_i + r_iF$.

Durch Addition der vier Gleichungen folgt:

(*) $12V = 2rF + F(r_1 + r_2 + r_3 + r_4)$.

Mit dem Inkreismittelpunkt des gegebenen Tetraeders als gewähltem Punkt erhält man:

$$3V = rF_1 + rF_2 + rF_3 + rF_4, \quad \text{also} \quad 3V = rF .$$

Hieraus und aus (*) ergibt sich

$$4rF = 2rF + F(r_1 + r_2 + r_3 + r_4),$$

also $2r = r_1 + r_2 + r_3 + r_4$, w.z.z.w.

Lösung 3

Die Eckpunkte des Tetraeders seien mit A_1, A_2, A_3, A_4 bezeichnet. O sei der Mittelpunkt der Tetraederinkugel und für i=1,2,3,4 sei B_i der Berührpunkt der Inkugel mit der Tetraederfläche gegenüber A_i und sei M_i der Mittelpunkt der Inkugel des A_i enthaltenden abgeschnittenen Tetraederchen.

Mit I sei abkürzend die Menge { 1, 2, 3, 4 } bezeichnet.

Es genügt, den Beweis für r=1 zu füren, da sich hieraus durch Streckung der allgemeine Fall ergibt.

Man lege nun den Punkt O in den Ursprung eines dreidimensionalen kartesischen Koordinatensystems; die Ortsvektoren der Punkte B_i und M_i seien mit $\vec{b_i}$ und $\vec{m_i}$ bezeichnet. Weiter sei E_i für i=1,2,3,4 die Ebene durch die A_i nicht enthaltende Tetraederfläche, H_i die hierzu parallele zweite Tangentialebene zur Inkugel des Tetraeders.

Die Gleichung der Ebene E_i in der Hesseschen Normalenform lautet dann:

$$E_i: \quad \vec{x}\cdot\vec{b_i} - 1 = 0 .$$

Die Ebene H_i läßt sich aus E_i durch Spiegelung an O erhalten; für sie ergibt sich daher:

$$H_i: \quad \vec{x}\cdot\vec{b_i} + 1 = 0 .$$

Der Punkt M_i ist dadurch gekennzeichnet, daß er von der Ebene H_i und den Ebenen E_j ($j \neq i$, $j \in I$) den Abstand r_i hat.

Da M_i und O in verschiedenen der durch die Ebene H_i bestimmten Halbräume liegen und sich beim Einsetzen von O in die Hesseform ein positiver Wert ergibt, gilt: $\vec{m_i}\cdot\vec{b_i} + 1 = -r_i$.

Da M_i und O jeweils im selben durch die Ebene E_j ($j \in I$, $j \neq i$) bestimmten Halbraum liegen und sich beim Einsetzen von O in die Hesseform ein negativer Wert ergibt, gilt: $\vec{m_i} \cdot \vec{b_j} - 1 = -r_i$.

Setzt man für $i,j \in I$: $d_{ij} = 1$, falls $i \neq j$; $d_{ij} = -1$, falls $i=j$, so ergibt sich damit für alle Indizes i,j aus I:

$$(*) \quad \vec{m_i} \cdot \vec{b_j} = d_{ij} - r_i \ .$$

Da vier Vektoren des dreidimensionalen Raumes stets linear abhängig sind, gibt es Koeffizienten s_i ($i \in I$), die nicht alle verschwinden, und für die gilt:

$$s_1\vec{m_1} + s_2\vec{m_2} + s_3\vec{m_3} + s_4\vec{m_4} = \vec{o} \ .$$

Durch Multiplikation beider Seiten mit $\vec{b_1}$ erhält man

$$s_1(-1-r_1) + s_2(1-r_2) + s_3(1-r_3) + s_4(1-r_4) = 0,$$

also $\quad -s_1 + s_2 + s_3 + s_4 = s_1r_1 + s_2r_2 + s_3r_3 + s_4r_4 \quad (1).$

Entsprechend liefert die Multiplikation mit $\vec{b_2}$ bzw. $\vec{b_3}$ bzw. $\vec{b_4}$:

$$s_1 - s_2 + s_3 + s_4 = s_1r_1 + s_2r_2 + s_3r_3 + s_4r_4 \quad (2),$$
$$s_1 + s_2 - s_3 + s_4 = s_1r_1 + s_2r_2 + s_3r_3 + s_4r_4 \quad (3),$$
$$s_1 + s_2 + s_3 - s_4 = s_1r_1 + s_2r_2 + s_3r_3 + s_4r_4 \quad (4).$$

Durch Subtraktion jeweils zweier aufeinanderfolgender der Gleichungen (1) bis (4) erhält man $s_1=s_2$, $s_2=s_3$ und $s_3=s_4$. Alle Koeffizienten s_i sind also gleich; $s_1=s_2=s_3=s_4 =: s$.

Durch Einsetzen von s für s_i ($i \in I$) z.B. in (1) und Division durch s ($s \neq 0$!) ergibt sich, wie zu zeigen war: $2 = r_1+r_2+r_3+r_4$.

Nebenresultat: O ist der Schwerpunkt von M_1, M_2, M_3, M_4 .

Aufgabe 3

Von einem Punkt im Raum gehen n Strahlen aus, wobei der Winkel zwischen je zwei dieser Strahlen mindestens 30° beträgt.

Man beweise, daß n kleiner als 59 ist.

Lösung

Der Raumpunkt sei mit P bezeichnet, die von P ausgehenden Strahlen seien $s_1, s_2, \ldots, s_n$. K sei die Kugel um P mit Radius 1.

Für $i=1,2,\ldots,n$ sei t_i ein derart von P ausgehender Strahl, daß der Winkel zwischen s_i und t_i 15° beträgt. Bei Rotation von t_i um s_i wird K in zwei Kugelkappen zerlegt, deren kleinere mit K_i bezeichnet wird.

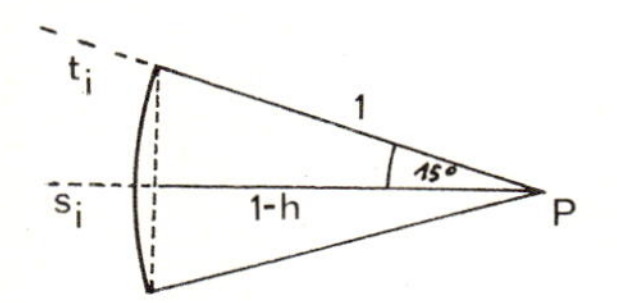

Keine zwei der Kugelkappen K_i können gemeinsame innere Punkte haben, die Summe aller Kugelkappenflächen(inhalte) übertrifft also nicht die Oberfläche der Kugel.

Diese Oberfläche der Kugel beträgt 4π, die Oberfläche der betrachteten Kugelkappen K_i jeweils $2h\pi$; dabei erhält man als Wert für h (s. Zeichnung!): $h = 1 - \cos(15°)$.

$$n \cdot 2 \cdot \pi \cdot (1 - \cos(15°)) \leq 4 \cdot \pi$$

$$n \leq 2/(1-\cos(15°)), \text{ also } n \leq 58{,}7 .$$

Damit ist die Behauptung nachgewiesen.

Aufgabe 4

Bei einer Versammlung treffen sich 512 Personen. Unter je sechs dieser Personen gibt es immer mindestens zwei, die sich gegenseitig kennen.

Man beweise, daß es auf dieser Versammlung sicher sechs Personen gibt, die sich alle gegenseitig kennen.

Lösung 1

Man stelle im Versammlungsraum neun von 1 bis 9 numerierte Stühle auf und lasse einen beliebigen Teilnehmer auf dem Stuhl mit der Nummer 1 Platz nehmen, während alle anderen Teilnehmer stehen. Die Bekannten dieses Teilnehmers und die ihm Unbekannten bilden je eine Gruppe; die kleinere dieser Gruppen wird aus dem Versammlungsraum geschickt. Die Zurückbleibenden (mindestens 256) sind dem sitzenden Teilnehmer entweder alle bekannt oder alle unbekannt. Im ersten Fall nennen wir den Teilnehmer auf Platz 1 gesellig, im zweiten Fall einsam. Bei den weiteren Teilnehmerausscheidungen wird er nicht mehr berücksichtigt.

Aus den stehenden (mindestens 256) Teilnehmern wähle man einen beliebigen aus und lasse ihn sich auf Platz 2 setzen. Entweder kennt er mindestens 128 der restlichen Teilnehmer oder mindestens 128 sind ihm fremd; die kleinere (oder bei gleicher Größe eine beliebige) der durch diese Unterscheidung entstehenden Gruppen wird weggeschickt. Wenn die verbleibenden mindestens 128 Teilnehmer ihm bekannt sind, heiße er gesellig; andernfalls sind ihm alle noch im Raum befindlichen (stehenden) mindestens 128 Teilnehmer fremd, er heiße dann einsam.

Dieses Verfahren setze man fort; allgemein geht man also für n=9,8,7,...,1 in der folgenden Weise vor:

1. Aus den stehenden mindestens 2^n Teilnehmern wähle man einen beliebigen aus und lasse ihn auf Stuhl Nummer 10-n Platz nehmen.

2. Von den dann noch stehenden mindestens 2^n-1 Teilnehmern kennt der Besitzer von Platz 10-n mindestens 2^{n-1} oder mindestens 2^{n-1} sind ihm unbekannt. Die kleinere (oder bei gleicher Größe eine beliebige) der beiden derart charakterisierten Gruppen verläßt den Raum. Es bleiben mindestens 2^{n-1} Teilnehmer zurück, die entweder alle Bekannte oder alle Unbekannte für ihn sind.

3. Insbesondere sind ihm alle, die auf Plätzen mit größeren Nummern Platz nehmen, entweder zugleich bekannt oder zugleich unbekannt. Im ersten Fall nennen wir ihn gesellig, im zweiten Fall einsam.

Nach Durchführung des Verfahrens für n = 9, 8, ... , 1 sind die Plätze 1 bis 9 besetzt, im Raume stehen noch mindestens 2^{9-9} Personen, also mindestens eine Person.

Von den sitzenden Teilnehmern können höchstens vier einsam sein, da fünf einsame zusammen mit einem der noch stehenden eine Gruppe von sechs paarweise einander Unbekannten bilden würden; dies ist aber nach den Voraussetzungen ausgeschlossen. Also sind von den sitzenden Teilnehmern mindestens fünf gesellig; zusammen mit einem beliebigen der noch stehenden Teilnehmer bilden sie eine Gruppe der gesuchten Art.

Nachfolgend wird nach einigen Begriffseinführungen aus der Graphentheorie über einen allgemeineren Ansatz (aus der Theorie der Ramsey-Zahlen) ein weiterer Lösungsweg angegeben.

Lösung 2

Unter einem (ungerichteten, endlichen) Graphen versteht man ein Paar (E,K), wobei E eine endliche Menge, K eine Teilmenge der Menge aller zweielementigen Teilmengen von E ist. Die Elemente von E heißen Ecken (oder Knoten) des Graphen, die Elemente von K werden als Kanten des Graphen bezeichnet. Ein anschauliches Modell des Graphen erhält man zum Beispiel, wenn man sich die Elemente von E als Punkte des Raumes, die Elemente von K als die entsprechenden Verbindungsstrecken vorstellt.

Zwei Ecken a,b eines Graphen heißen genau dann miteinander verbunden, wenn {a,b} eine Kante des Graphen ist.

Ein Graph, bei dem alle Ecken paarweise miteinander verbunden sind, heißt vollständig, ein Graph, bei dem keine Ecke mit einer anderen Ecke verbunden ist, wird als kantenlos bezeichnet.

Zwei Graphen G_1, G_2 heißen zueinander komplementär, wenn sie die gleiche Eckenmenge E haben und ihre Kantenmengen K_1, K_2 eine Zerlegung der Menge aller zweielementigen Teilmengen von E in zwei disjunkte Teilmengen bilden.

Ein Graph (E',K') heißt Teilgraph des Graphen (E,K), wenn E' Teilmenge von E ist , K' Teilmenge von K ist, und alle Ecken aus E', die in (E,K) miteinander verbunden sind, dies auch in (E',K') sind.

Ein vollständiger Graph mit n Ecken wird als ein V_n, ein kantenloser Graph mit n Ecken wird als ein U_n bezeichnet.

Äquivalent zur gestellten Aufgabe ist dann die folgende: Man zeige, daß es zu einem Graphen mit 512 Ecken stets einen Teilgraphen gibt, der ein V_6 oder ein U_6 ist.

Für den nachfolgenden Beweis wird vereinbart: A(s,i,j) bedeute die Aussage : Jeder Graph mit (mindestens) s Ecken enthält einen V_i oder einen U_j als Teilgraphen.

Zu beweisen ist dann : A(512,6,6). Offensichtlich gilt:

(0) A(s,i,j) ist äquivalent zu A(s,j,i) $(s,i,j \in \mathbb{N})$.

(1) Für alle natürlichen Zahlen j gilt A(1,1,j).

(2) Für alle natürlichen Zahlen j gilt A(j,2,j).

Dabei ist (0) aus Symmetriegründen klar; beim Übergang zum komplementären Graphen geht ja jeder V_i in einen U_i (und umgekehrt) über. (1) gilt, da der gegebene Graph selbst ein V_1 (und auch ein U_1) ist. Da zwei miteinander verbundene Ecken einen V_2 bilden, enthält ein Graph mit j Ecken entweder einen V_2 oder ist kantenlos, also ein U_j; damit gilt (2).

Der entscheidende Hilfssatz zum Beweis ist nun (3):

(3) Gilt sowohl A(r,i−1,j) als auch A(s,i,j−1), so folgt

A(r+s,i,j) $(r,s,i,j \in \mathbb{N}, \geq 2)$.

Beweis zu (3): Vorgelegt sei ein Graph G mit r+s Ecken, von denen a eine beliebige sei. V sei die Menge der mit a verbundenen, U die Menge der von a verschiedenen und mit a nicht verbundenen Ecken von G. Der Teilgraph von G mit der Eckenmenge V sei mit G_v, der Teilgraph von G mit der Eckenmenge U sei mit G_u bezeichnet. Die Anzahl der Ecken von G_v bzw. G_u sei n_v bzw. n_u. Dann ergibt sich $n_v + n_u + 1 = r + s$; mithin gilt $n_v \geq r$ oder $n_u \geq s$.

Im Falle $n_v \geq r$ enthält nach Voraussetzung G_v einen V_{i-1} oder einen U_j. Da sich ein in G_v vorhandener V_{i-1} durch Hinzunahme der mit allen Ecken von G_v verbundenen Ecke a zu einem V_i ergänzen läßt, enthält G einen V_i oder einen U_j.

Im Falle $n_u \geq s$ enthält nach Voraussetzung G_u einen V_i oder einen U_{j-1}. Da sich ein in G_u vorhandener V_{j-1} durch Hinzunahme der mit keiner der Ecken von G_u verbundenen Ecke a zu einem U_j ergänzen läßt, enthält G auch in diesem Fall einen V_i oder einen U_j. Damit ist (3) bewiesen.

Aus (1), (2), (3) folgt zunächst unmittelbar durch Induktion über i+j : Zu jedem Paar (i,j) natürlicher Zahlen gibt es eine natürliche Zahl s mit A(s,i,j). Man bezeichnet für $i,j \in \mathbb{N}$ mit R(i,j) die kleinste natürliche Zahl s mit A(s,i,j).

Speziell hat man damit $R(i,j) = R(j,i)$, $R(1,j) = 1$, $R(2,j) = j$.

Setzt man nun für $i,j \in \mathbb{N}$ $r(i,1) := 1$ und $r(1,j) := 1$, und definiert weiter induktiv $r(i+1,j+1) := r(i,j+1) + r(i+1,j)$, so gilt für alle natürlichen Zahlen i,j : $R(i,j) \leq r(i,j)$ bzw. nach der oben verwendeten Schreibweise: $A(r(i,j),i,j)$.

Trägt man den Wert 1 für $r(1,j)$ und $r(i,1)$ in die erste Zeile und erste Spalte einer unendlichen Matrix ein, so lassen sich die weiteren Elemente der Matrix jeweils – gemäß der Definition – als Summe von linkem und oberem Nachbarn erhalten. Es ergibt sich:

j : i	1	2	3	4	5	6 ...
1 :	1	1	1	1	1	1 ...
2 :	1	2	3	4	5	6 ...
3 :	1	3	6	10	15	21 ...
4 :	1	4	10	20	35	56 ...
5 :	1	5	15	35	70	126 ...
6 :	1	6	21	56	126	252 ...
...	...	...	...	...	...	... ...

Speziell erhält man $r(6,6) = 252$, also $R(6,6) \leq 252$.

Damit gilt $A(252,6,6)$, also erst recht $A(512,6,6)$, womit der verlangte Beweis geführt ist.

Ergänzungen:

[1] Nach der Vorschrift zur Bildung der Glieder $r(i,j)$ bildet die obige Matrix ein um 45° gedrehtes Pascalsches Dreieck. Da $r(i,j)$ das i-te Element der $(i+j-1)$-ten Schrägzeile ist,

hat man: $r(i,j) = \binom{i+j-2}{i-1}$.

[2] Wegen $\binom{2m}{m} = \frac{3\cdot 5\cdot \cdots \cdot (2m-1)}{2\cdot 3\cdot \cdots \cdot m}\cdot 2^m \leq \frac{3}{2}\cdot 2^{m-2}\cdot 2^m = 3\cdot 2^{2m-3} < 2^{2m-1}$

für $m \geq 2$ gilt für $k \geq 2$ die Aussage $A(2^{2k-3},k,k)$. Insbesondere ergibt sich hiermit (für $k = 6$) die in der Aufgabenstellung genannte Schranke 512.

[3] Sind r und s beide gerade, so gilt die folgende Verschärfung von (3):

(3') Aus $A(r,i-1,j)$ und $A(s,i,j-1)$ folgt $A(r+s-1,i,j)$.

Beweis zu (3'): G sei ein beliebiger Graph mit $r+s-1$ Ecken. Unter dem Grad einer Ecke versteht man die Anzahl der von dieser Ecke ausgehenden Kanten. Da jede Kante zu genau zwei Ecken gehört, ist die Summe der Grade aller Ecken eine gerade Zahl. Es ist nicht möglich, daß von jeder Ecke von G genau $r-1$ Kanten ausgehen, da dann die Summe der Grade aller Ecken die ungerade Zahl $(r-1)(r+s-1)$ wäre. Es gibt also mindestens eine Ecke a des Graphen G, von der mindestens r oder weniger als $r-1$ Kanten ausgehen.

Analog zum Vorgehen beim Beweis von (3) ergibt sich, daß G einen V_i oder einen U_j als Teilgraphen enthält.

Setzt man nun für $i,j \in \mathbb{N}$: $r(1,j) = r(i,1) = 1$ und definiert weiter induktiv

$r(i+1,j+1) := r(i,j+1) + r(i+1,j) - 1$, falls $r(i,j+1)$ und $r(i+1,j)$ beide gerade sind,

und

$r(i+1,j+1) := r(i,j+1) + r(i+1,j)$ sonst,

so gilt für alle natürlichen Zahlen i,j : $R(i,j) \leq r(i,j)$ bzw. nach der oben verwendeten Schreibweise: $A(r(i,j),i,j)$.

Man erhält für $r(i,j)$ die verbesserte Tabelle:

j : i	1	2	3	4	5	6	...
1 :	1	1	1	1	1	1	...
2 :	1	2	3	4	5	6	...
3 :	1	3	5	9	14	19	...
4 :	1	4	9	18	31	50	...
5 :	1	5	14	31	62	111	...
6 :	1	6	19	50	111	222	...
7 :	1	7	26	75	186	407	...
...	...	...	...	...	...	...	...

Wegen $R(7,6) \leq r(7,6) = 407 < 512$ erhält man schärfer als in der Aufgabenstellung das Ergebnis: Es gibt mindestens eine Gruppe von sieben Teilnehmern, in der jeder jeden der anderen kennt.

Bemerkungen

Die sich aus [1] ergebende Abschätzung für R(6,6) steht bereits bei P. ERDÖS, G.SZEKERES : A Combinatorial Problem in Geometry, Compositio Mathematica (2) 1935, 436 - 470. Durch verfeinerte Untersuchungsmethoden läßt sich R(6,6) schärfer abschätzen; für die Ungleichung $102 \leq R(6,6) \leq 169$ wurde die linke Seite im Rahmen einer Dissertation an der Universität von Waterloo (J.G. KALBFLEISCH: Chromatic Graphs and Ramseys Theorem, 1966) gezeigt; die obere Abschätzung findet sich bei G.GIRAUD: Une Minoration de Nombre de Quadrangles Unicolores et son Application a la Majorisation des Nombres de Ramsey bin.-bicolores, Comptes Rendu de L'Academie de Sciences (Paris) Sèrie A 276 (1973), 1173-1175 - sowie bei R.HILL u. R.W.IRVING im European Journal of Combinatorics Vol.3 (1982), 35-50.

Aufgaben 1986 1. Runde

1. Auf einem Kreis liegen n Punkte, $n > 1$. Sie sollen so mit $P_1, P_2, P_3, \ldots, P_n$ bezeichnet werden, daß der Streckenzug $P_1P_2P_3\ldots P_n$ überschneidungsfrei ist. Auf wie viele Arten ist dies möglich ?

2. Es sei a eine gegebene natürliche Zahl und $x_1, x_2, \ldots$ die Folge mit

$$x_n = \frac{n}{n+a} \quad (n \in \mathbb{N}) \quad .$$

Man beweise, daß sich für jedes n aus $\mathbb{N}$ das Folgenglied x_n als Produkt zweier Glieder dieser Folge darstellen läßt, und bestimme die Anzahl der Darstellungen in Abhängigkeit von n und a.

3. Die Punkte S auf der Seite AB, T auf der Seite BC und U auf der Seite CA eines Dreiecks liegen so, daß folgendes gilt:

$$AS:SB = 1:2, \quad BT:TC = 2:3 \quad \text{und} \quad CU:UA = 3:1 \quad .$$

Man konstruiere das Dreieck ABC, wenn lediglich die Punkte S, T und U gegeben sind.

4. Die Folge $a_1, a_2, a_3, \ldots$ ist definiert durch

$$a_1 = 1, \quad a_{n+1} = \frac{1}{16} \cdot (1 + 4a_n + \sqrt{(1 + 24a_n)}) \quad (n \in \mathbb{N}) \quad .$$

Man bestimme und beweise eine Formel, mit der man zu jeder natürlichen Zahl n das Folgenglied a_n unmittelbar berechnen kann, ohne vorausgehende Folgenglieder bestimmen zu müssen.

Aufgaben 1986 2. Runde

1. Die Kanten eines Würfels werden von 1 bis 12 durchnumeriert; dann wird für jede Ecke die Summe der Nummern der von ihr ausgehenden Kanten bestimmt.

   a) Man zeige, daß diese Summen nicht alle gleich sein können.

   b) Können sich acht gleiche Summen ergeben, nachdem eine der Kantennummern durch die Zahl 13 ersetzt worden ist ?

2. Ein Dreieck habe die Seiten a, b, c, den Inkreisradius r und die Ankreisradien r_a, r_b, r_c .

   Man beweise:

   a) Das Dreieck ist genau dann rechtwinklig, wenn gilt: $r + r_a + r_b + r_c = a + b + c$.

   b) Das Dreieck ist genau dann rechtwinklig, wenn gilt: $r^2 + r_a^2 + r_b^2 + r_c^2 = a^2 + b^2 + c^2$.

3. Es sei d_n die letzte von 0 verschiedene Ziffer der Dezimaldarstellung von n! .

   Man zeige, daß die Folge $d_1, d_2, d_3, \ldots$ nicht periodisch ist.

   Erläuterungen zu Aufgabe 3:

   Der Ausdruck n! ("n-Fakultät") bezeichnet das Produkt der natürlichen Zahlen von 1 bis n.
   Eine Folge $a_1, a_2, a_3, \ldots$ heißt genau dann periodisch, wenn es natürliche Zahlen T und n_0 mit der folgenden Eigenschaft gibt: Für alle natürlichen Zahlen n mit $n > n_0$ gilt $a_n = a_{n+T}$.

4. Gegeben seien die endliche Menge M mit m Elementen und 1986 weitere Mengen $M_1, M_2, M_3, \ldots, M_{1986}$, von denen jede mehr als m/2 Elemente aus M enthält.

   Man zeige, daß nicht mehr als zehn Elemente von M markiert werden müssen, damit jede Menge M_i (i = 1, 2, ..., 1986) mindestens ein markiertes Element enthält.

Lösungen 1986 1. Runde

Aufgabe 1

Auf einem Kreis liegen n Punkte, $n > 1$. Sie sollen so mit $P_1, P_2, P_3, \ldots, P_n$ bezeichnet werden, daß der Streckenzug $P_1P_2P_3\ldots P_n$ überschneidungsfrei ist. Auf wie viele Arten ist dies möglich ?

Lösung

Es gibt $n \cdot 2^{n-2}$ Arten, die Punkte in der angegebenen Weise zu bezeichnen.

Zum Beweis genügt der Nachweis, daß es bei jeder Wahl eines Punktes als P_n genau 2^{n-2} Arten gibt, die weiteren n−1 Punkte so mit P_1 bis P_{n-1} zu bezeichnen, daß der Streckenzug $P_1P_2\ldots P_n$ überschneidungsfrei ist. Denn da es genau n Möglichkeiten zur Wahl von P_n gibt, folgt damit, daß die Gesamtzahl der im Sinne der Aufgabe zulässigen Bezeichnungsmöglichkeiten wie behauptet $n \cdot 2^{n-2}$ beträgt.

Der Beweis wird durch Induktion nach n geführt.

Für $n = 2$ gibt es nach Festlegung von P_2 genau eine Möglichkeit zur Wahl von P_1. Da die Strecke P_1P_2 ein überschneidungsfreier Streckenzug ist, ist die Behauptung wegen $1 = 2^{2-2}$ für $n=2$ richtig.

Zum Schluß von n auf n+1 ($n>1$) seien n+1 Punkte auf einem Kreis vorgegeben. Einer davon sei als P_{n+1} festgelegt. Wählt man nun als P_n einen nicht zu P_{n+1} benachbarten Punkt (– solche Punkte gibt es für $n \geq 4$ –), so liegen auf beiden Seiten der Strecke $P_{n+1}P_n$ Punkte, die noch erreicht werden sollen; dies ist ohne Schneiden von $P_{n+1}P_n$ aber nicht möglich. Notwendigerweise ist also P_n einer der beiden zu P_{n+1} benachbarten (und wegen $n+1>2$ verschiedenen) Punkte auf dem Kreis. Für jede der beiden Wahlmöglichkeiten für P_n gibt es nach Induktionsannahme 2^{n-2} Möglichkeiten, die noch nicht mit Namen versehenen Punkte so mit $P_1, P_2, \ldots P_{n-1}$ zu bezeichnen, daß der Streckenzug $P_1P_2\ldots P_n$ überschneidungsfrei ist. Da alle Punkte P_1 bis P_{n-1} auf der gleichen Seite der Strecke $P_{n+1}P_n$ liegen, ist jeweils auch der Streckenzug $P_1P_2\ldots P_{n+1}$ überschneidungsfrei. Die Gesamtzahl der Möglichkeiten beträgt also 2^{n-1}, wie zu zeigen war; der Induktionsbeweis ist damit abgeschlossen.

Bemerkung: Jeder überschneidungsfreie Streckenzug mit den vorgegebenen n Eckpunkten kommt - als Punktmenge betrachtet - bei der verwendeten Zählweise zweimal vor, da sich auf zwei Weisen eine der Endecken als Anfangsecke wählen läßt.

Aufgabe 2

Es sei a eine gegebene natürliche Zahl und $x_1, x_2, \ldots$ die Folge mit

$$x_n = \frac{n}{n+a} \quad (n \in \mathbb{N}) \quad .$$

Man beweise, daß sich für jedes n aus $\mathbb{N}$ das Folgenglied x_n als Produkt zweier Glieder dieser Folge darstellen läßt, und bestimme die Anzahl der Darstellungen in Abhängigkeit von n und a.

Bezeichnung: Für jede natürliche Zahl n wird nachfolgend mit d(n) die Anzahl der (positiven) Teiler von n bezeichnet.

Lösung 1

Zu gegebenem $(a,n) \in \mathbb{N} \times \mathbb{N}$ ist die Existenz von Lösungspaaren $(u,v) \in \mathbb{N} \times \mathbb{N}$ der folgenden Gleichung zu untersuchen:

$$(*) \qquad \frac{n}{n+a} = \frac{u}{u+a} \cdot \frac{v}{v+a} \quad .$$

Dabei sei o.B.d.A. $u \leq v$; außerdem gilt $u \neq n$, da der zweite Faktor auf der rechten Seite von (*) von 1 verschieden ist. Durch Multiplikation mit $(n+a)(u+a)(v+a)$ erhält man aus (*)

$$\cancel{nuv} + nua + nva + na^2 = \cancel{nuv} + auv \quad .$$

Nach Division durch a ($a \neq 0$!) liefert Auflösung nach v:

$$v = \frac{nu+na}{u-n} = \frac{nu-n^2+n^2+na}{u-n} = n + \frac{n(n+a)}{u-n} \quad .$$

Da v und nu+na beide positiv sind, gilt $u > n$; setzt man $p := u-n$, so ist daher p eine natürliche Zahl. Genau dann ist (u,v) somit eines der gesuchten Lösungspaare, wenn gilt:

$$v = n + \frac{n(n+a)}{p} \quad .$$

O.B.d.A. sei $n < u \leq v$. Damit ist

$$u = n+p \leq v = n + \frac{n(n+a)}{p} \quad .$$

Nach Multiplikation mit p erhält man

$$np + p^2 \leq np + n^2 + na \; ,$$

also $p^2 \leq n(n+a)$.

Die Anzahl der geordneten Lösungspaare ist also gerade die Anzahl der Teiler p von n(n+a), für die gilt $p \leq \sqrt{n(n+a)}$. (Zur Darstellung mit Hilfe der Teilerfunktion d siehe Lösung 2). Da z.B. 1 ein solcher Teiler ist, gibt es stets mindestens ein Lösungspaar.

Betrachtet man die zu Lösungspaaren (u,v) und (v,u) mit $u \neq v$ gehörenden Darstellungen als verschieden, so ist die gesuchte Anzahl der Darstellungen gerade d(n(n+a)).

Lösung 2

Vorbemerkung

> Die natürliche Zahl n läßt sich auf genau d(n) Weisen als Produkt zweier natürlicher Zahlen darstellen, da durch die Beziehung $n = u \cdot n/u$ eine bijektive Abbildung zwischen der Menge der zu betrachtenden Darstellungen und der Teilermenge von n festgelegt wird. Hierbei werden $u \cdot v$ und $v \cdot u$ für $u \neq v$ als unterschiedliche Darstellungen aufgefaßt. Identifiziert man Darstellungen, die sich lediglich in der Reihenfolge der Faktoren unterscheiden, so sind je zwei Darstellungen $u \cdot v$ und $v \cdot u$ mit $u \neq v$ zusammenzufassen; lediglich die (bei einer Quadratzahl vorkommende) Darstellung $u \cdot u$ liefert auch bei der Zählung der geordneten Darstellungen den gleichen Beitrag wie oben. Bezeichnet man mit [z] die größte z nicht übertreffende ganze Zahl, so erhält man: Die Anzahl der (ungeordneten) Darstellungen der natürlichen Zahl n als Produkt zweier natürlicher Zahlen ist $[(d(n)+1)/2]$.

Wegen $x_n = \frac{n}{n+a} = 1 - \frac{a}{n+a}$ ist die Folge $(x_1, x_2, x_3, \ldots)$

streng monoton wachsend, insbesondere ist für $n \neq m$ stets $x_n \neq x_m$.

Jedes Glied der gegebenen Folge ist positiv und kleiner als 1. Ein Produkt zweier solcher Zahlen ist also kleiner als jeder seiner Faktoren. Somit läßt sich x_n genau dann als Produkt zweier Glieder der Folge darstellen, wenn es zwei (nicht unbedingt verschiedene) natürliche Zahlen u, v gibt, so daß gilt :

$$x_n = x_{n+u} \cdot x_{n+v} \quad (1) \quad .$$

Das bedeutet nach Definition der Folge $(x_1, x_2, x_3, \ldots)$

$$\frac{n}{n+a} = \frac{n+u}{n+u+a} \cdot \frac{n+v}{n+v+a} \; .$$

Durch schrittweise Umformungen erhält man:

$$n(n+u+a)(n+v+a) = (n+a)(n+u)(n+v)$$

$$n(n+u)(n+v)+an(n+u)+an(n+v)+na^2 = n(n+u)(n+v)+a(n+u)(n+v)$$

also : $n^2 + an = uv$ (2) .

Dabei wurde durch die natürliche, also sicher von null verschiedene Zahl a dividiert.

Nach (2) ist u bei einer Darstellung gemäß (1) notwendigerweise ein Teiler von n(n+a); v ist der zugehörige Komplementärteiler n(n+a)/u .

Umgekehrt liefert jeder Teiler u von n(n+a) zusammen mit seinem Komplementärteiler v eine Lösung von (2) und damit auch von (1); dabei ergeben verschiedene Teiler u von n(n+a) verschiedene Komplementärteiler v und damit nach der Anfangsbemerkung verschiedene Darstellungen gemäß (1).

Zählt man also für $u \neq v$ zwei Darstellungen (1), die sich durch Vertauschung der Faktoren x_{n+u} und x_{n+v} ergeben, als verschieden, so gilt für die Anzahl A(n,a) der (geordneten) Darstellungen:

$$A(n,a) = d(n^2 + an) .$$

Da jede natürliche Zahl mindestens den Teiler 1 besitzt, ist $A(n,a) > 0$, was zu zeigen war.

Zählt man aber für $u \neq v$ die Darstellungen $x_{n+u} \cdot x_{n+v}$ und $x_{n+v} \cdot x_{n+u}$ als gleich, so ergibt sich für die Anzahl A'(n,a) der (ungeordneten) Darstellungen gemäß der Vorbemerkung:

$$A'(n,a) = [\ (d(n^2+an) + 1)/2\ ].$$

Hieraus folgt wieder $A'(n,a) > 0$, was gezeigt werden sollte.

Bemerkungen

1) Da im Aufgabentext nicht festgelegt wird, ob geordnete oder ungeordnete Darstellungen zu zählen sind, genügt es, einen der Ausdrücke A(n,a), A'(n,a) zu bestimmen.

2) Wegen $n^2+an \geq 2$ ist $d(n^2+an) \geq 2$, also $A(n,a) \geq 2$. Dabei ist, wenn p und q Primzahlen bedeuten (p<q):

A(n,a)	n(n+a)	n	a
2	p	1	$p-1$
3	p^2	1	p^2-1
4	p^3	1	p^3-1
4	p^3	p	p^2-p
4	pq	1	$pq-1$
4	pq	p	$q-p$

usw.

Aufgabe 3

Die Punkte S auf der Seite AB, T auf der Seite BC und U auf der Seite CA eines Dreiecks liegen so, daß folgendes gilt:

$$AS:SB = 1:2, \quad BT:TC = 2:3 \quad \text{und } CU:UA = 3:1 \quad .$$

Man konstruiere das Dreieck ABC, wenn lediglich die Punkte S, T und U gegeben sind.

Vorbemerkung zur Schreibweise und zur Konstruktionsbeschreibung:

Sind P, Q, R Punkte einer gemeinsamen Geraden ($Q \neq R$), so bezeichne PQ:QR das Verhältnis der Längen der Strecken PQ und QR. Das Teilen einer gegebenen Strecke in einem gegebenen (rationalen) Teilungsverhältnis stellt eine Grundkonstruktion dar, die als bekannt vorausgesetzt und nicht noch eigens beschrieben wird.

Lösung 1

Die Seitenlängen des Dreiecks ABC seien in üblicher Weise mit a, b, c bezeichnet. Die folgende Überlegung wird an einer Planfigur durchgeführt.

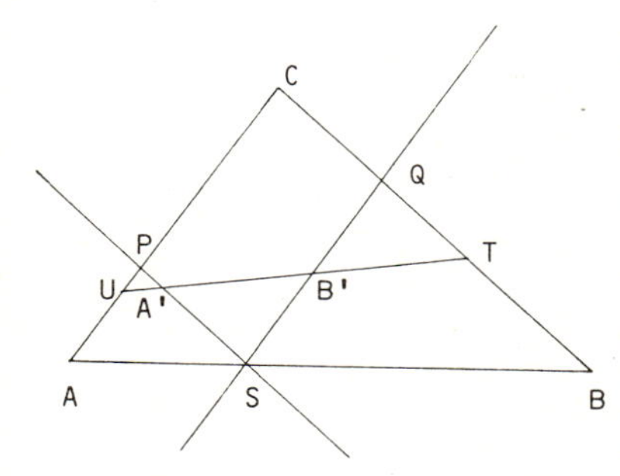

Die Parallele zu BC durch S schneide AC im Punkte P, die Parallele zu AC und ebenfalls durch S schneide BC im Punkte Q. Nach dem 1. Strahlensatz (Scheitel A bzw. B) gilt aufgrund der Definition von S:

$$AP:AC = 1:3 \quad \text{und } BQ:BC = 2:3 \quad .$$

Wegen AU:AC = =1:4 liegt daher P zwischen U und C; SP schneidet also die Strecke UT; der Schnittpunkt sei mit A' bezeichnet.

Entsprechend liegt Q wegen BT:BC = 2:5 zwischen T und C; SQ schneidet also ebenfalls die Strecke UT; der Schnittpunkt sei mit B' bezeichnet.

Da die Strecken AU bzw. AP die Längen 3b/12 bzw. 4b/12 haben, ergibt sich durch erneute Strahlensatzanwendung, diesmal mit Scheitel U :

$$UA' : UT = 1 : 9 \quad .$$

Und da die Strecken BT bzw. BQ die Längen 6a/15 bzw. 10a/15 haben, ergibt abermalige Strahlensatzanwendung, nun mit Scheitel T:

$$TB' : TU = 4 : 9 \quad .$$

Damit lassen sich die Punkte A' und B' unter alleiniger Benutzung der Punkte U und T konstruieren. Die Gerade (BC) erhält man dann als Parallele zu SA' durch T; die Gerade (AC) ergibt sich als Parallele zu SB' durch U. Als Schnittpunkt von (AC) und (BC) erhält man C. Von C aus konstruiert man A und B auf (CA) und (CB) mit Hilfe der Teilungspunkte U und T und der vorgegebenen Teilungsverhältnisse.

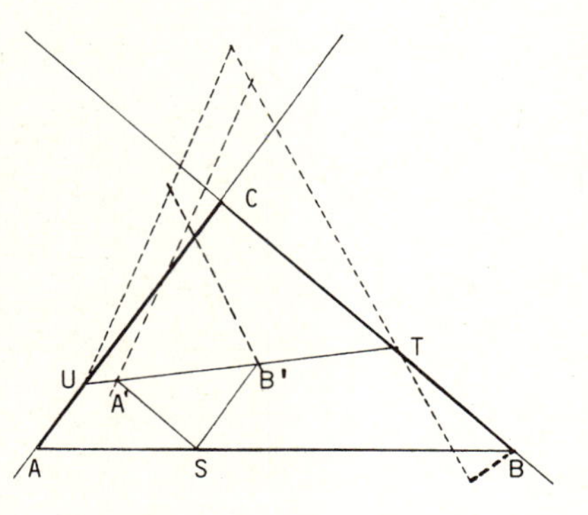

Lösung 2

Durch die Bedingungen TU:UP = 3:1 und TS:SR = 2:1 werden Punkte P und R festgelegt. Da U die Strecken TP und CA im gleichen Verhältnis teilt, ist nach der Umkehrung des zweiten Strahlensatzes PA parallel zu TC. Nach der analogen Überlegung für S ist AR parallel zu BT. Da T auf BC liegt, sind somit PA und AR parallel; A liegt also auf PR.

Ferner ist A der Mittelpunkt von PR; aus den vorgegebenen Teilungsverhältnissen und dem zweiten Strahlensatz ergibt sich nämlich

$$6\overline{AP} = 2\overline{CT} = 3\overline{BT} = 6\overline{AR}, \quad \text{also } \overline{PA} = \overline{AR} \text{ .}$$

Damit gelangt man zu folgender Konstruktion:

Man verlängere TU über U hinaus bis zu dem Punkte P mit TU:UP = 3:1 und verlängere TS über S hinaus bis zum Punkte R mit TS:SR = 2:1. Der Mittelpunkt von PR ist A. Man zeichne durch T die Parallele zu (PR). Ihr Schnittpunkt mit (AS) ist B, ihr Schnittpunkt mit (AU) ist die noch fehlende Ecke C.

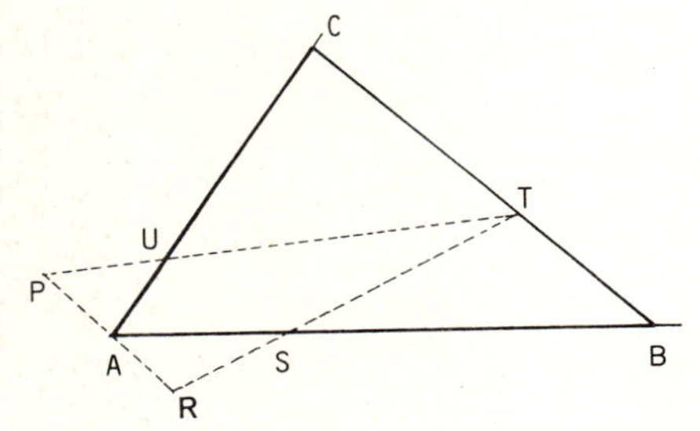

Lösung 3

Die in Lösung 2 angegebene Konstruktion macht davon Gebrauch, daß A Mittelpunkt von PR ist. Hierzu werden die in der Aufgabenstellung vorgegebenen speziellen Teilungsverhältnisse vorausgesetzt. Im allgemeineren Fall beliebiger Teilungsverhältnisse wird A nicht immer Mittelpunkt von PR sein; aber auch für andere Teilungsverhältnisse liefert die Überlegung jeweils mit der Geraden (PR) eine Ortslinie für A und mit ihrer Parallelen durch T eine Ortslinie für B und C. Führt man die analoge Konstruktion von einem anderen Teilungspunkt aus durch, erhält man für die Ecken A, B und C jeweils eine weitere Ortslinie und somit ebenfalls das gesuchte

Dreieck. Damit hat man die folgende Konstruktionsmöglichkeit:

Man verlängere die Strecke TU über U hinaus bis zum Punkte P mit TU:UP = CU:UA (= 3:1) und verlängere TS über S hinaus bis zum Punkte R mit TS:SR = BS:SA (= 2:1). Man verlängere ST über T hinaus bis zum Punkte D mit ST:TD = BT:TC (= 2:3) und verlängere SU über U hinaus bis zum Punkte E mit SU:UE = AU:UC (= 1:3). Die Parallele zu (DE) durch S sei mit g bezeichnet; h sei die Parallele zu (PR) durch T. Man erhält dann A als Schnittpunkt von (PR) mit g, B als Schnittpunkt von g mit h. C als Schnittpunkt von (DE) mit h.

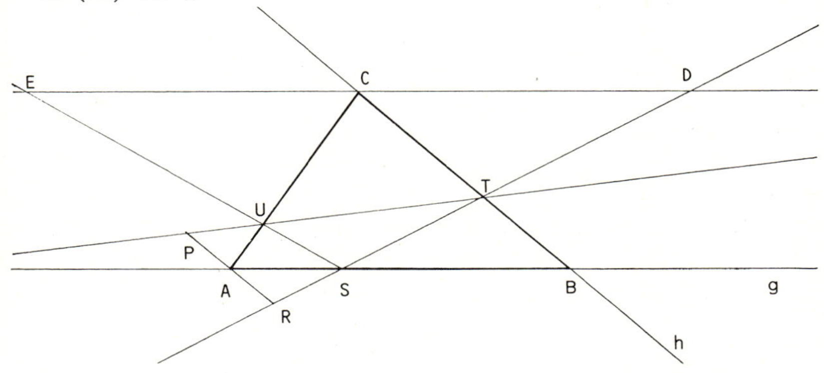

Lösung 4

Das Dreieck liege in der Ebene eines zweidimensionalen kartesischen Koordinatensystems mit dem Ursprung bei S. Die Ortsvektoren der Punkte sind mit den entsprechenden Kleinbuchstaben bezeichnet.

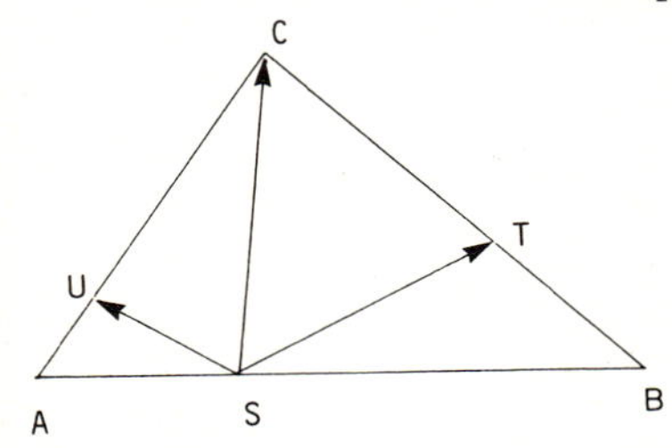

Nach den vorgegebenen Teilungsverhältnissen gilt dann:

$$\vec{b} = -2\vec{a} \qquad (1)$$

$$\vec{c} = (5\vec{t} - 3\vec{b})/2 \qquad (2)$$

$$\vec{a} = (4\vec{u} - \vec{c})/3 \qquad (3)$$

Einsetzen von (1) und (2) in (3) liefert

$$\vec{a} = (8\vec{u} - 5\vec{t} - 6\vec{a})/6,$$

woraus $6\vec{a} = 8\vec{u} - 5\vec{t} - 6\vec{a}$ und damit $12\vec{a} = 8\vec{u} - 5\vec{t}$ folgt.

Hieraus ergibt sich für A die folgende Konstruktion:

Man verlängert SU über U hinaus auf das Achtfache, TS über S hinaus um das Fünffache und nennt die erhaltenen Endpunkte X und Y. Z sei die vierte Ecke im Parallelogramm SXZY. A wird so als Teilungspunkt auf SZ gewählt, daß gilt: SA:SZ = 1:12 .

Nun verlängert man AS über S hinaus und AU über U hinaus. Die Punkte C und B ergeben sich hierbei mit AC:AU = 4:1 und AB:AS = 3:1 . Damit ist Dreieck ABC festgelegt und nach Verbindung von B und C auch fertig konstruiert.

Bemerkung: Die (etwas sperrige) Konstruktionsfigur ist an dieser Stelle aus Gründen der Platzersparnis weggelassen.

Lösung 5

Vorausgeschickt wird der folgende

Hilfssatz: In einem Dreieck ABC seien die Seiten durch Punkte S (auf AB), T (auf BC) und U auf (CA) beliebig geteilt; alle sechs genannten Punkte seien verschieden. Teilt man nun die Strecken SU und ST derart mit Teilungspunkten A' und B', daß gilt AU:UC = SB':B'T und BT:TC = SA':A'U, so sind die Geraden (AB) und (A'B') Parallelen.

Zum Beweis seien die Teilstrecken auf den Seiten von Dreieck ABC gemäß der Zeichnung mit p, q, r, s, t, u bezeichnet. Mit geeigneten positiven Zahlen e und f haben dann gemäß Voraussetzung die Teilstrecken von ST bzw. SU die Längen er, es, fu, ft.

Der Inhalt eines Dreiecks mit den Ecken X, Y und Z sei nachfolgend mit (XYZ) bezeichnet. Zum Nachweis der Behauptung genügt es dann zu zeigen, daß gilt:

(*) (ASA'):(SBB') = p:q .

Denn bezogen auf die Grundseiten AS und SB haben dann die Dreiecke ASA' und SBB' gleiche Höhe, da sich ihre Flächeninhalte zueinander wie ihre Grundseiten verhalten. Gleiche Höhe der Dreiecke bedeutet aber Parallelität von (AB) und (A'B').

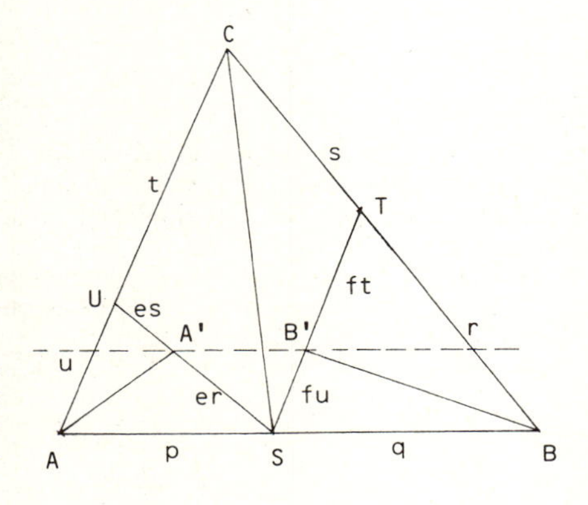

Aufgrund der Teilungsverhältnisse erhält man:

$$(p+q)(u+t)(r+s)(ASA') = (p+q)(u+t)r(ASU)$$
$$= (p+q)ur(ASC)$$
$$= pur(ABC)$$

und

$$(p+q)(u+t)(r+s)(SBB') = (p+q)u(r+s)(SBT)$$
$$= (p+q)ur(SBC)$$
$$= qur(ABC) .$$

Hieraus ergibt sich durch Division (*), was ja zum Nachweis des Hilfssatzes genügte.

Die dreimalige Anwendung dieses Hilfssatzes auf die Situation der vorgelegten Aufgabe liefert im Inneren von Dreieck STU ein Dreieck A'B'C', dessen Seiten parallel zu den entsprechenden Seiten des Dreiecks ABC sind; da von den Seiten des Dreiecks ABC jeweils ein Punkt bekannt ist, können die Seiten damit konstruiert werden:

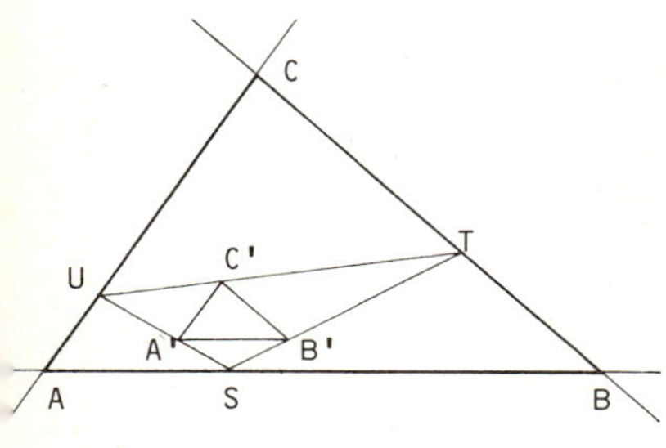

Die Seitenverhältnisse AS:SB, BT:TC, CU:UA und die Punkte S, T, U sind gegeben.

Man bestimme B' auf ST, C' auf TU und A' auf US so, daß gilt SA':A'U=BT:TC, TB':B'S=CU:UA und UC':C'T=AS:SB. Die Parallelen zu (A'B') durch S, zu (B'C') durch T und zu (C'A') durch U bestimmen dann das gesuchte Dreieck ABC.

Lösung 6

Die Abbildung f der Ebene entstehe dadurch, daß die zentrischen Streckungen z(S, −2), z(T, −3/2) und z(U, −1/3) in dieser Reihenfolge nacheinander ausgeführt werden. Dabei ist z(X, r) die zentrische Streckung mit Zentrum X und Streckfaktor r.

Als Produkt der Streckfaktoren ergibt sich −1. Da A bei der Abbildung offenbar in sich übergeht, muß f eine Punktspiegelung mit Zentrum A sein. Also ist A für jeden Punkt P der Ebene Mittelpunkt der Verbindungsstrecke von P und f(P). Konstruktion:

Man wende z(T, −3/2) auf S an; der Bildpunkt sei S'. Anwendung von z(U, −1/3) auf S' liefert dann f(S). A wird dann als Mittelpunkt der Verbindungsstrecke von f(S) und S erhalten. Aus A gewinnt man dann durch s(S, −2) den Punkt B; wendet man hierauf z(T, −3/2) an, ergibt sich als Bildpunkt C.

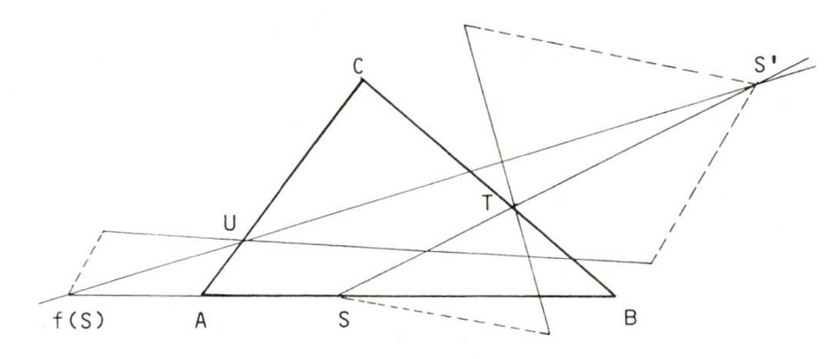

Bemerkung zur Zeichnung: Die Hilfslinien zur Konstruktion von B und C sind nicht eingezeichnet.

Lösung 7 (mit affiner Abbildung)

Man wähle einen Punkt C' außerhalb (UT) und bestimme den Punkt A' auf (C'U) und den Punkt B' auf (C'T) so, daß U und T Teilpunkte auf den Seiten des Dreiecks A'B'C' mit den vorgegebenen Teilverhältnissen sind; entsprechend lege man S' auf A'B' fest. Die affine Abbildung der Ebene mit der Achse (UT), die S' in S überführt, liefert als Bild von Dreieck A'B'C' das gesuchte Dreieck ABC, da Teilverhältnisse gegenüber affiner Abbildung invariant sind.

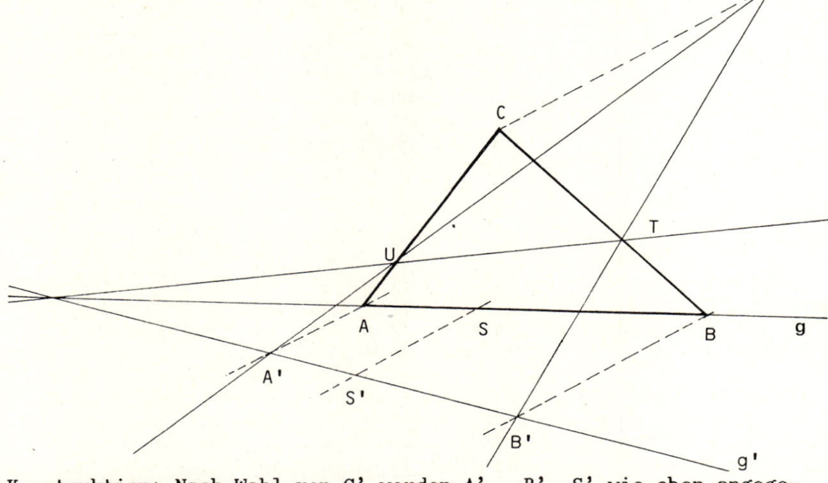

Konstruktion: Nach Wahl von C' werden A', B', S' wie oben angegeben konstruiert. Ist S'=S, ist man bereits fertig: A=A', B=B', C=C'. Sonst setze man g':=(A'B'). Falls g' die Gerade (UT) schneidet, sei g die Gerade durch diesen Schnittpunkt und S, andernfalls die Parallele zu (UT) durch S. Man erhält dann X (X = A, B) als Schnittpunkt von g mit der Parallelen zu (S'S) durch X'; C ergibt sich schließlich als Schnittpunkt von (AU) mit (BT).

Aufgabe 4

Die Folge $a_1, a_2, a_3, \ldots$ ist definiert durch

$$a_1 = 1, \quad a_{n+1} = \frac{1}{16} \cdot \left(1 + 4a_n + \sqrt{(1 + 24a_n)}\right) \quad (n \in \mathbb{N}) .$$

Man bestimme und beweise eine Formel, mit der man zu jeder natürlichen Zahl n das Folgenglied a_n unmittelbar berechnen kann, ohne vorausgehende Folgenglieder bestimmen zu müssen.

Ergebnis: Das allgemeine Glied der Folge $(a_1, a_2, a_3, \ldots)$ ist

$$a_n = \frac{(2^n + 1)\cdot(2^n + 2)}{3\cdot 4^n} .$$

Beweis (Lösung 1)

Der Beweis wird durch vollständige Induktion geführt.

Für $n = 1$ ergibt sich im Zähler und im Nenner des Terms für a_n jeweils $3\cdot 4$, also die richtige Aussage $a_1 = 1$.

Schluß von n auf n+1 :

$$16a_{n+1} = 1 + 4a_n + \sqrt{(1 + 24a_n)}$$

$$= 1 + \frac{(2^n+1)(2^n+2)}{3\cdot 4^{n-1}} + \sqrt{\left(1 + \frac{8(2^n+1)(2^n+2)}{4^n}\right)}$$

$$= \frac{3\cdot 2^{2n-2} + 4\cdot 2^{2n-2} + 3\cdot 2^n + 2}{3\cdot 4^{n-1}} + \sqrt{\frac{(3\cdot 2^n + 2^2)^2}{4^n}}$$

$$= \frac{16\cdot 2^{2n-2} + 3\cdot 2^{n+1} + 2}{3\cdot 4^{n-1}}$$

$$= \frac{(2^{n+1} + 1)(2^{n+1} + 2)}{3\cdot 4^{n-1}}$$

Es ergibt sich also nach Division durch 16:

$$a_{n+1} = \frac{(2^{n+1} + 1)(2^{n+1} + 2)}{3\cdot 4^{n+1}} ,$$ was noch zu zeigen war.

Bemerkung zu Lösung 1

Aus der Lösung geht geht zwar hervor, durch welchen Funktionsterm sich die untersuchte Folge beschreiben läßt, jedoch wird nicht angegeben, wie man an diesen Term gelangt. Eine solche Angabe des Weges bis zu einer entsprechenden Vermutung ist auch zur Lösung nicht erforderlich. Während aber bei den folgenden Lösungen gleichzeitig der Weg deutlich wird, wie man zu dem Funktionsterm gelangt, ist Lösung 1 keine Hilfe und Information für diejenigen, die bereits bei der Suche nach a_n erfolglos geblieben sind. Es werden daher nachfolgend zwei Möglichkeiten angegeben, wie man zu der entsprechenden Vermutung hingeführt werden kann.

Hinführung 1:

Durch Aufschreiben der ersten Folgenglieder erhält man die Tabelle

n	1	2	3	4	5	6	7
a_n	1	$\frac{5}{8}$	$\frac{15}{32}$	$\frac{51}{128}$	$\frac{187}{512}$	$\frac{715}{2^{11}}$	$\frac{2795}{2^{13}}$

Es ist zu vermuten, daß für $n>1$ die Nenner von a_n den Wert 2^{2n-1} $(= 2\cdot 4^{n-1})$ besitzen. Um einen Überblick über das Anwachsen der Folge zu erhalten, werden die Quotienten a_{n+1}/a_n betrachtet:

n	1	2	3	4	5	6
$\frac{a_{n+1}}{a_n}$	$\frac{5}{8}$	$\frac{3}{4}$	$\frac{17}{20}$	$\frac{11}{12}$	$\frac{65}{68}$	$\frac{43}{44}$

Die Differenz zwischen Zähler und Nenner beträgt abwechselnd 3 und 1. Zur Vereinheitlichung wird jeder zweite Bruch mit 3 erweitert.

Die Tabelle der Quotienten beginnt dann wie folgt:

n	1	2	3	4	5	6
$\frac{a_{n+1}}{a_n}$	$\frac{5}{8}$	$\frac{9}{12}$	$\frac{17}{20}$	$\frac{33}{36}$	$\frac{65}{68}$	$\frac{129}{132}$

Die Zähler wachsen wie auch die Nenner regelmäßig um Zweierpotenzen. Der folgende Ansatz ist daher plausibel:

$$\frac{a_{n+1}}{a_n} = \frac{2\cdot 2^n + 1}{2(2^n + 2)} = \frac{1}{4}\cdot\frac{2^{n+1} + 1}{2^{n-1} + 1} .$$

Damit ergibt sich

$$a_n = \frac{a_n}{a_{n-1}}\cdot\frac{a_{n-1}}{a_{n-2}}\cdot\ldots\cdot\frac{a_3}{a_2}\cdot\frac{a_2}{a_1} = \frac{1}{4^{n-1}}\cdot\frac{(2^n + 1)(2^{n-1} + 1)}{(2^1 + 1)(2^0 + 1)} .$$

Man gelangt so zu

$$a_n = \frac{(2^n + 1)(2^n + 2)}{3\cdot 4^n} .$$

Hinführung 2:

Wieder werden die ersten Folgenglieder betrachtet, wobei a_1 wegen der Form der Nenner als Bruch 2/2 notiert sei. Da die Gestalt der Nenner n_i klar ist (s.oben), betrachten wir nur die Folge (z_i) der Zähler: $(z_i) = (2, 5, 15, 51, 187, 715, 2795, \ldots)$. Die Differenzenfolge $(z_{i+1}-z_i)$ lautet $(3, 10, 36, 136, 528, 2080, \ldots)$.

Im Stellenwertsystem mit der Basis 2 ergibt sich hierfür:

(11, 1010, 100100, 10001000, 1000010000, ...);

man vermutet : $z_i + 2\cdot 4^{i-1} + 2^{i-1} = z_{i+1}$.

Dies würde bedeuten, daß für alle $k\geq 2$ gilt:

$$z_k = 2 + \sum_{i=0}^{k-2} (2^i + 2\cdot 4^i) = 2^{k-1} + 1 + 2\cdot \frac{4^{k-1}-1}{3} .$$

Somit wäre dann

$$a_k = \frac{z_k}{n_k} = \frac{3\cdot 2^{k-1}+1+2\cdot 2^{2k-2}}{3\cdot 2^{2k-1}} = \frac{3\cdot 2^k+2+2^{2k}}{3\cdot 4^k} = \frac{(2^k+1)(2^k+2)}{3\cdot 4^k} .$$

Hinführung 3:

Definiert man die (stetige) Funktion f auf der Menge der positiven reellen Zahlen durch

$$f(x) = (1 + 4x + \sqrt{(1+24x)})/16 ,$$

so ist für alle $n\in\mathbb{N}$ $a_{n+1} = f(a_n)$. Ein eventueller Grenzwert der Folge (a_n) muß Fixpunkt von f, also Lösung der Gleichung $\underline{f(x)=x}$ sein.

Nach Zusammenfassen, Isolieren der Wurzel und Quadrieren ergibt sich eine quadratische Gleichung mit der Lösungsmenge $\{0, 1/3\}$. Man betrachtet nun die ersten Glieder der Folge $(a_n - 1/3)$:

$$a_1 - \frac{1}{3} = 1 - \frac{1}{3} = \frac{2}{3}$$

$$a_2 - \frac{1}{3} = \frac{7}{3\cdot 2^3} = \frac{6+1}{3\cdot 2^3} = \frac{1}{2^2} + \frac{1}{3\cdot 2^3}$$

$$a_3 - \frac{1}{3} = \frac{13}{3\cdot 2^5} = \frac{12+1}{3\cdot 2^5} = \frac{1}{2^3} + \frac{1}{3\cdot 2^5}$$

$$a_4 - \frac{1}{3} = \frac{25}{3\cdot 2^7} = \frac{24+1}{3\cdot 2^7} = \frac{1}{2^4} + \frac{1}{3\cdot 2^7}$$

Man vermutet

$$a_n - \frac{1}{3} = \frac{1}{2^n} + \frac{1}{3\cdot 2^{2n-1}} = \frac{1}{2^n} + \frac{2}{3\cdot 4^n} .$$

Damit hat man schließlich die Vermutung

$$a_n = \frac{1}{3} + \frac{1}{2^n} + \frac{2}{3 \cdot 4^n} \quad , \qquad \text{die dann (Induktion) bewiesen wird.}$$

Lösung 2

Die Lösung erfolgt so, daß zunächst die gegebene Rekursion durch eine Substitution vereinfacht wird. Zur Bestimmung der expliziten Formel für die einfachere Folge werden dann mehrere Wege angegeben.

Man setze zunächst für alle n aus $\mathbb{N}$ $b_n := \sqrt{(1 + 24a_n)}$.

Dann sind alle Glieder der Folge $(b_1, b_2, b_3, \ldots)$ positiv; es gilt:

$$b_1 = 5; \quad b_n^2 = 1 + 24a_n, \quad \text{also} \quad a_n = (b_n^2 - 1)/24.$$

Einsetzen in die Rekursionsgleichung der Aufgabe liefert:

$$\frac{b_{n+1}^2 - 1}{24} = \frac{1}{16}\left(1 + 4 \cdot \frac{b_n^2 - 1}{24} + b_n\right) \quad .$$

Multiplikation beider Seiten mit 96 führt nach Zusammenfassen der rechten Seite auf

$$4b_{n+1}^2 - 4 = b_n^2 + 6b_n + 5 \; .$$

Man hat also

$$4b_{n+1}^2 = b_n^2 + 6b_n + 9 \; ,$$

$$(2b_{n+1})^2 = (b_n + 3)^2$$

und, da $b_n > 0$: $\quad 2b_{n+1} = b_n + 3$.

Die weitere Substitution $c_n := b_n - 3$ liefert:

$$c_1 = 2, \qquad 2c_{n+1} = 2b_{n+1} - 6 = b_n + 3 - 6 = c_n \quad \text{für } n \in \mathbb{N} \; .$$

$(c_1, c_2, c_3, \ldots)$ ist also eine geometrische Folge mit dem Quotienten 1/2 . Das allgemeine Folgenglied ist daher $\underline{c_n = 2^{2-n}}$.

Also erhält man

$$b_n = 3 + 2^{2-n}$$

und somit

$$\begin{aligned} 24a_n &= b_n^2 - 1 \\ &= (3 + 2^{2-n})^2 - 1 \\ &= 9 + 6 \cdot 2^{2-n} + 2^{4-2n} - 1 \\ &= 2^{4-2n}\,(8 \cdot 2^{2n-4} + 6 \cdot 2^{n-2} + 1) \\ &= 2^{4-2n}\,(2^{2n-1} + 3 \cdot 2^{n-1} + 1) \quad . \end{aligned}$$

Damit ergibt sich

$$a_n = \frac{2^{2n-1} + 3 \cdot 2^{n-1} + 1}{3 \cdot 2^{2n-1}} \quad .$$

Der etwas anders aussehende Ausdruck in Lösung 1 für a_n wird hieraus durch Erweitern des Bruches mit 2 und Faktorisieren des Zählers erhalten.

Ergänzung zu weiteren Verfahren, eine explizite Formel für b_n zu finden:

1. Weg Die Berechnung der ersten Folgenglieder ergibt:

$$(b_1, b_2, b_3, \ldots) = (5, 4, \frac{7}{2}, \frac{13}{4}, \frac{25}{8}, \frac{49}{16}, \ldots)$$

$$= (3+2, 3+\frac{1}{1}, 3+\frac{1}{2}, 3+\frac{1}{4}, 3+\frac{1}{8}, 3+\frac{1}{16}, \ldots)$$

Dies führt zur Vermutung der Formel:

$$b_n = 3 + \frac{1}{2^{n-2}} \quad .$$

2. Weg Aus $2b_{n+2} = b_{n+1} + 3$ und $2b_{n+1} = b_n + 3$ folgt durch Subtraktion:

$$2b_{n+2} - 2b_{n+1} = b_{n+1} - b_n \ ,$$

also $$2b_{n+2} - 3b_{n+1} + b_n = 0 \qquad (*) \quad .$$

Die Gesamtheit F der reellen Folgen (b_n), die der Bedingung (*) genügen, bildet einen Vektorraum, der durch die Zuordnungsvorschrift $(b_n) \longrightarrow (b_1, b_2)$ linear und bijektiv auf den Raum der reellen Zahlenpaare abgebildet wird und somit die Dimension 2 hat.

Eine geometrische Folge (q^{n-1}) liegt genau dann in F, wenn für alle n aus $\mathbb{N}$ gilt $2q^{n+1} - 3q^n + q^{n-1} = 0$. Für $q \neq 0$ ist das äquivalent zu

$$2q^2 - 3q + 1 = 0, \quad \text{also} \quad q = 1 \text{ oder } q = 1/2 \ .$$

Da die beiden Folgen (1,1,1,...) und (1, 1/2, 1/4, ...) offenbar linear unabhängig sind, und mithin eine Basis von F bilden, läßt sich jede Folge aus F als Linearkombination der beiden gefundenen geometrischen Folgen darstellen.

Dabei ergeben sich die Koeffizienten, sie mögen r und s heißen, aus dem System

$$b_1 = r + s \qquad \text{und} \qquad b_2 = r + s/2 \;.$$

Die allgemeine Lösung $r = 2b_2 - b_1$, $s = 2(b_1 - b_2)$ liefert im vorliegenden Fall wegen $b_1 = 5$, $b_2 = 4$ die Werte $\underline{r = 3}$ und $\underline{s = 2}$. Damit ergibt sich schließlich

$$b_n = 3 \cdot 1 + 2 \cdot (1/2)^{n-1},$$

also $$b_n = 3 + \frac{1}{2^{n-2}} \;.$$

Die Richtigkeit der Formel kann z.B. durch vollständige Induktion bestätigt werden. Allerdings ist ein derartiger Nachweis nicht erforderlich, da die Existenz der Folge gesichert ist und zur Bestimmung des Folgenterms nur notwendige Bedingungen benutzt wurden.

3. Weg Aus $2b_{n+2} = b_{n+1} + 3$ und $2b_{n+1} = b_n + 3$ folgt durch Subtraktion:

$$2b_{n+2} - 2b_{n+1} = b_{n+1} - b_n \;,$$

also $$\frac{b_{n+2} - b_{n+1}}{b_{n+1} - b_n} = \frac{1}{2} \;.$$

Bildet man auf beiden Seiten das Produkt, wobei n die Indexmenge {1, 2, ..., m} durchläuft, so erhält man

$$\frac{b_{m+2} - b_{m+1}}{b_2 - b_1} = \frac{1}{2^m} \;.$$

Wegen $b_1 = 5$ und $b_2 = 4$ ergibt sich daher

$$b_{m+2} - b_{m+1} = -1/2^m \;.$$

Summation beider Seiten liefert, wenn m dabei die Indexmenge {1, 2, ..., n−2} durchläuft

$$\begin{aligned} b_n - b_2 &= -(\,2^{2-n} + 2^{3-n} + \ldots + 2^{-1}) \\ &= -(\,2^{3-n} + 2^{4-n} + \ldots + 2^{-1} + 1)\;/2 \\ &= -(\,2 - 2^{3-n})\;/2 \;. \end{aligned}$$

Somit erhält man

$$b_n - 4 = -1 + \frac{1}{2^{n-2}} \quad , \text{ also schließlich } \quad b_n = 3 + \frac{1}{2^{n-2}} \;.$$

Lösungen 1986 2. Runde

Aufgabe 1

Die Kanten eines Würfels werden von 1 bis 12 durchnumeriert; dann wird für jede Ecke die Summe der Nummern der von ihr ausgehenden Kanten bestimmt.

a) Man zeige, daß diese Summen nicht alle gleich sein können.

b) Können sich acht gleiche Summen ergeben, nachdem eine der Kantennummern durch die Zahl 13 ersetzt worden ist ?

Lösung

Zu a)

Die betrachteten Summen können nicht alle gleich sein!

Um dies (indirekt) zu beweisen, nehmen wir an, es läge eine entsprechende Numerierung der Kanten vor; die Summe der Werte der anstoßenden Kanten sei für jede Ecke s ($s \in \mathbb{N}$). Dann beträgt die Summe aller acht Eckenwerte 8s; da bei der Addition jede Kante zweimal als Summand vorkommt, ergibt sich:

$$2(1 + 2 + 3 + \ldots + 12) = 8s, \quad \text{also} \quad s = 19{,}5 .$$

Da s eine natürliche Zahl sein sollte, hat man damit den Widerspruch zur Annahme.

Zu b)

Ersetzt man bei der Numerierung der Würfelkanten eine der Zahlen 1, 2, ..., 12 durch 13 und bezeichnet die ersetzte Zahl mit z, so ergibt sich, falls nun bei allen Würfelecken die Summe der Werte anstoßender Kanten die gleiche ist:

$$2(1 + 2 + \ldots + 12 + 13) - 2z = 8s,$$

$$\text{also} \quad 2 \cdot 91 - 2z = 8s \quad \text{und mithin} \quad 91 - z = 4s .$$

91–z ist genau dann ein Vielfaches von 4, wenn z den gleichen Viererrest wie 91 (also 3) hat. Wegen $z \in \{1,2,3,\ldots,12\}$ ergeben sich die folgenden Lösungen:

z = 3 mit s = 22, z = 7 mit s = 21 und z = 11 mit s = 20.

Beispiel einer geeigneten Numerierung (für z = 7, also s = 21):

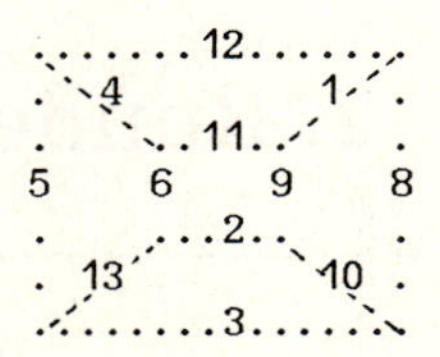

Weitere Möglichkeiten zur Numerierung:

z = 3, s = 22:

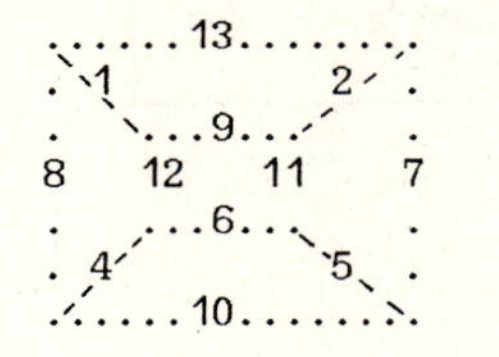

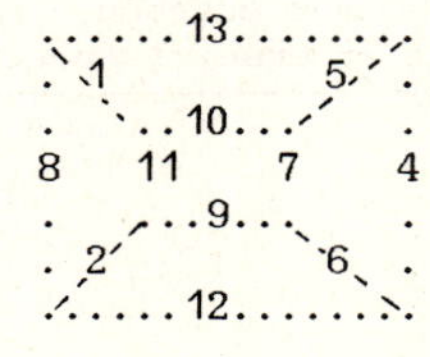

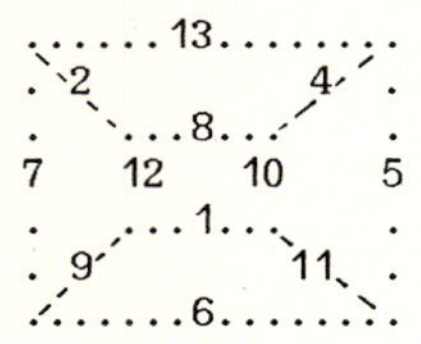

z = 11, s = 20:

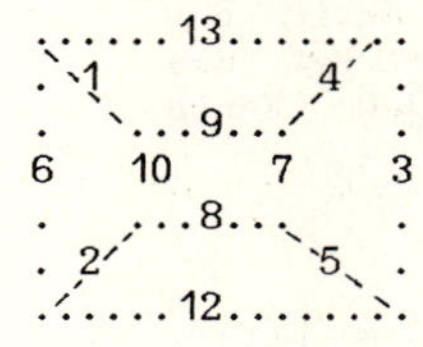

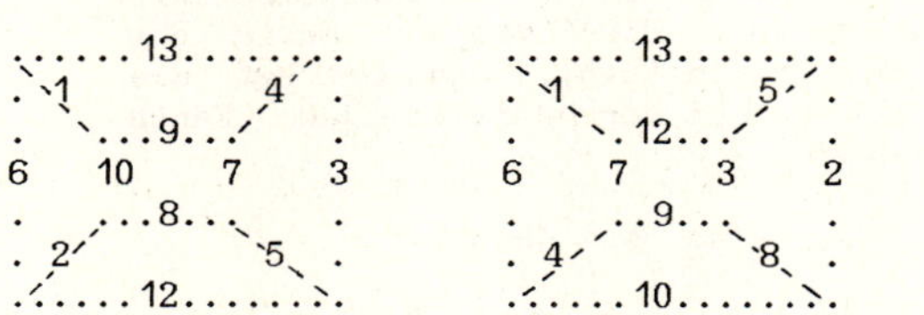

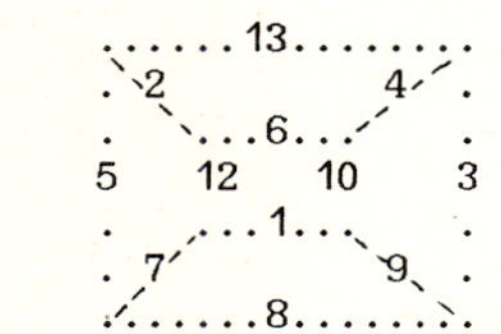

Aufgabe 2

Ein Dreieck habe die Seiten a, b, c, den Inkreisradius r und die Ankreisradien r_a, r_b, r_c.

Man beweise:

a) Das Dreieck ist genau dann rechtwinklig, wenn gilt:
$r + r_a + r_b + r_c = a + b + c$.

b) Das Dreieck ist genau dann rechtwinklig, wenn gilt:
$r^2 + r_a^2 + r_b^2 + r_c^2 = a^2 + b^2 + c^2$.

Erläuterung: Unter einem Ankreis eines Dreiecks versteht man einen Kreis, der eine Seite des Dreiecks und die Verlängerungen der beiden anderen Dreiecksseiten berührt.

Vorbemerkung zu den benutzten Bezeichnungen und zu einigen grundlegenden Formeln:

Nachfolgend bezeichnet R den Umkreisradius, F den Flächeninhalt und s den halben Umfang des Dreiecks ABC. Als bekannt vorausgesetzt und an den späteren Stellen ohne besonderen Verweis benutzt werden die folgenden Formeln:

$$F^2 = s(s-a)(s-b)(s-c)$$

und

$$F = rs = r_a(s-a) = r_b(s-b) = r_c(s-c) \quad .$$

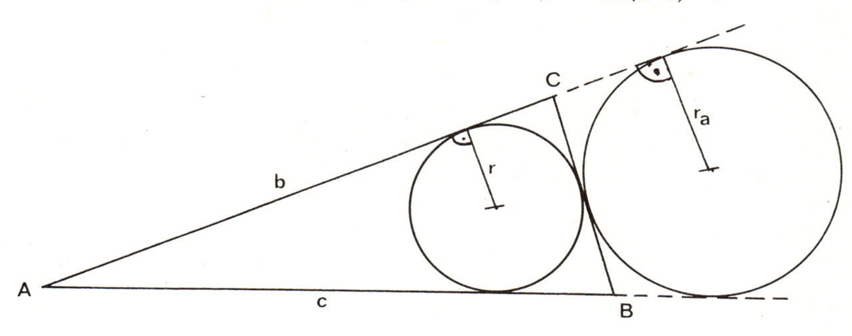

Beweis 1 (algebraisch)

Es wird die Allgemeingültigkeit der folgenden beiden Formeln für Dreiecke gezeigt:

(a) $(-a^2+b^2+c^2)(a^2-b^2+c^2)(a^2+b^2-c^2)$

$$= 8F^2((a+b+c)-(r+r_a+r_b+r_c))((a+b+c)+(r+r_a+r_b+r_c)),$$

(b) $(-a^2+b^2+c^2)(a^2-b^2+c^2)(a^2+b^2-c^2)$

$$= 8F^2((a^2+b^2+c^2)-(r^2+r_a{}^2+r_b{}^2+r_c{}^2)) \quad .$$

Die linke Seite der Gleichungen (a) und (b) verschwindet (nach der Umkehrung des Satzes von Pythagoras) genau dann, wenn das betrachtete Dreieck rechtwinklig ist. Das Verschwinden der rechten Seite von (a) (bzw. (b)) ist offenbar äquivalent zur Gültigkeit der Gleichung in Behauptung a) (bzw. b)). Zur Lösung der Aufgabe genügt es also, (a) und (b) zu beweisen.

Durch die folgende Rechnung erweisen sich zunächst die Gleichungen (a) und (b) als äquivalent:

$$((a+b+c)-(r+r_a+r_b+r_c))((a+b+c)+(r+r_a+r_b+r_c)) - ((a^2+b^2+c^2)-(r^2+r_a{}^2+r_b{}^2+r_c{}^2))$$

$$= (a+b+c)^2-(r+r_a+r_b+r_c)^2 - ((a^2+b^2+c^2)-(r^2+r_a{}^2+r_b{}^2+r_c{}^2))$$

$$= 2(ab+bc+ca-rr_a-rr_b-rr_c-r_ar_b-r_ar_c-r_br_c)$$

$$ab+bc+ca-rr_a-rr_b-rr_c-r_ar_b-r_ar_c-r_br_c$$

$$= ab+bc+ca-(s-b)(s-c)-(s-a)(s-c)-(s-a)(s-b)-s(s-c)-s(s-b)-s(s-a)$$

$$= ab+bc+ca-(s-b)(s-c)-(s-a)(s-c)-(s-a)(s-b)-s(3s-c-b-a)$$

$$= ab+bc+ca-(s-b)(s-c)-(s-a)(s-c)-(s-a)(s-b)-s^2$$

$$= ab+bc+ca - 4s^2 + 2s(b+c+a) - (bc+ac+ab)$$

$$= 0$$

Die rechten Seiten der Gleichungen (a) und (b) stimmen also überein; es genügt mithin zum Nachweis von (a) <u>und</u> (b), die Richtigkeit von (a) oder die Richtigkeit von (b) zu zeigen. Nachfolgend wird der Beweis zu (b) geführt.

Zunächst wird die rechte Seite der Gleichung (b) so umgeformt, daß wie auf der linken Seite nur noch die Größen a, b und c auftreten:

$$8F^2(a^2+b^2+c^2-r^2-r_a{}^2-r_b{}^2-r_c{}^2)$$

$$= 8F^2(a^2+b^2+c^2 - \frac{F^2}{s^2} - \frac{F^2}{(s-a)^2} - \frac{F^2}{(s-b)^2} - \frac{F^2}{(s-c)^2})$$

$$= 8((a^2+b^2+c^2)F^2 - \frac{F^4}{s^2} - \frac{F^4}{(s-a)^2} - \frac{F^4}{(s-b)^2} - \frac{F^4}{(s-c)^2})$$

$$= 8((a^2+b^2+c^2)s(s-a)(s-b)(s-c)-(s-a)^2(s-b)^2(s-c)^2 -s^2(s-b)^2(s-c)^2-s^2(s-a)^2(s-c)^2-s^2(s-a)^2(s-b)^2)$$

$$= (4(a^2+b^2+c^2)2s(2s-2a)(2s-2b)(2s-2c) -(2s-2a)^2(2s-2b)^2(2s-2c)^2-(2s)^2(2s-2b)^2(2s-2c)^2 -(2s)^2(2s-2a)^2(2s-2c)^2-(2s)^2(2s-2a)^2(2s-2b)^2)/8$$

$$= (4(a^2+b^2+c^2)(a+b+c)(-a+b+c)(a-b+c)(a+b-c) -(-a+b+c)^2(a-b+c)^2(a+b-c)^2-(a+b+c)^2(a-b+c)^2(a+b-c)^2 -(a+b+c)^2(-a+b+c)^2(a+b-c)^2-(a+b+c)^2(-a+b+c)^2(a-b+c)^2)/8$$

Man setze nun $T(a,b,c) := 8((-a^2+b^2+c^2)(a^2-b^2+c^2)(a^2+b^2-c^2) - 8F^2((a^2+b^2+c^2)-(r^2+r_a{}^2+r_b{}^2+r_c{}^2)))$.

Wenn für alle a,b,c gilt $T(a,b,c)=0$, ist auch (b) allgemeingültig.

$$T(a,b,c) = 8(-a^2+b^2+c^2)(a^2-b^2+c^2)(a^2+b^2-c^2) -4(a^2+b^2+c^2)(a+b+c)(-a+b+c)(a-b+c)(a+b-c) +(-a+b+c)^2(a-b+c)^2(a+b-c)^2+(a+b+c)^2(a-b+c)^2(a+b-c)^2 +(a+b+c)^2(-a+b+c)^2(a+b-c)^2+(a+b+c)^2(-a+b+c)^2(a-b+c)^2$$

Bei Auflösen aller Klammern ergeben sich offenbar ausschließlich Summanden vom Typ $ta^ib^jc^{6-i-j}$.

Ersetzt man im Term T überall a durch -a, so erhält man:

$$T(-a,b,c) = 8(-a^2+b^2+c^2)(a^2-b^2+c^2)(a^2+b^2-c^2) -4(a^2+b^2+c^2)(-a+b+c)(a+b+c)(-a-b+c)(-a+b-c) +(a+b+c)^2(-a-b+c)^2(-a+b-c)^2+(-a+b+c)^2(-a-b+c)^2(-a+b-c)^2 +(-a+b+c)^2(a+b+c)^2(-a+b-c)^2+(-a+b+c)^2(a+b+c)^2(-a-b+c)^2$$

Offensichtlich gilt $T(a,b,c) = T(-a,b,c)$. Da der Term T in a,b,c symmetrisch ist, geht er auch beim Vertauschen von b mit -b oder von c mit -c in sich über. Es liegt also ein Polynom der Veränderlichen a^2, b^2, c^2 vor. Wegen der Symmetrie in a, b, c genügt der Nachweis, daß die Koeffizienten von a^6, a^4b^2 und $a^2b^2c^2$ verschwinden.

Zur Untersuchung dieser Koeffizienten betrachte man zunächst speziell $T(a,b,0)$:

$$T(a,b,0) = 8(-a^2+b^2)(a^2-b^2)(a^2+b^2) -4(a^2+b^2)(a+b)(-a+b)(a-b)(a+b) +(-a+b)^2(a-b)^2(a+b)^2+(a+b)^2(a-b)^2(a+b)^2 +(a+b)^2(-a+b)^2(a+b)^2+(a+b)^2(-a+b)^2(a-b)^2$$

$$= -8(a^2-b^2)^2(a^2+b^2)+4(a^2-b^2)^2(a^2+b^2)+(a^2-b^2)^2(a-b)^2 +(a^2-b^2)^2(a+b)^2+(a^2-b^2)^2(a+b)^2+(a^2-b^2)^2(a-b)^2$$

$$= (a^2-b^2)^2(-4(a^2+b^2)+2(a-b)^2+2(a+b)^2)$$

$$= (a^2-b^2)^2\cdot 0 = 0$$

Sowohl a^6 als auch a^4b^2 haben also den Koeffizienten null.

Es bleibt nur noch die Untersuchung des Koeffizienten von $a^2b^2c^2$; da alle anderen Koeffizienten verschwinden, ist $T(a,b,c)=ka^2b^2c^2$.

$$k = T(1,1,1) = 8 - 4\cdot 3\cdot 3 + 1 + 9 + 9 + 9 = 0.$$

Für alle a,b,c gilt also $T(a,b,c) = 0$; die Allgemeingültigkeit von (b) ist damit bewiesen.

Beweis 2 (ebenfalls algebraisch)

Zunächst wird die folgende Formel bewiesen:

$$(*) \quad (r_a-s)(r_b-s)(r_c-s) = s^2(r+r_a+r_b+r_c - 2s) .$$

Zum Nachweis wird die in der Vorbemerkung angegebene Heronische

Formel sowie die (ebenfalls in Beweis 1 angegebene) Identität $F = r_a(s-a)$ (und analog für b, c) benutzt.

$$(r_a-s)(r_b-s)(r_c-s)$$

$$= r_ar_br_c - s(r_ar_b+r_br_c+r_cr_a) + s^2(r_a+r_b+r_c) - s^3$$

$$= \frac{F^3}{(s-a)(s-b)(s-c)} - s\left(\frac{F^2}{(s-a)(s-b)} + \frac{F^2}{(s-b)(s-c)} + \frac{F^2}{(s-c)(s-a)}\right) + s^2(r_a+r_b+r_c) - s^3$$

$$= Fs - s(s(s-c)+s(s-a)+s(s-b)) + s^2(r_a+r_b+r_c) - s^3$$

$$= s(\ F - (3s^2-s(c+a+b)) + s(r_a+r_b+r_c) - s^2)$$

$$= s(\ rs - \quad s^2 \quad + s(r_a+r_b+r_c) - s^2)$$

$$= s^2(\ r+r_a+r_b+r_c - 2s)$$

Das Verschwinden der rechten Seite von (*) ist (wegen $s \neq 0$) äquivalent zur Gültigkeit der in Behauptung a) angegebenen Gleichung. Behauptung a) ist daher nachgewiesen, wenn gezeigt ist, daß genau dann die linke Seite von (*) verschwindet, wenn das vorgelegte Dreieck rechtwinklig ist.

Das Dreieck ABC hat genau dann bei A einen rechten Winkel, wenn die Gleichung $r_a = s$ erfüllt ist. Zum Beweis wird diese Gleichung schrittweise umgeformt; da stets beide Seiten der Gleichung positiv sind, stellt auch das verwendete Quadrieren beider Seiten eine Äquivalenzumformung dar:

Die Gleichung $r_a = s$ ist äquivalent zu $F = s(s-a)$. Nach Quadrieren, Einsetzen nach der Heronischen Formel und Division durch $s(s-a)$ hat man $(s-b)(s-c) = s(s-a)$.

Multiplikation mit 4 und Einsetzen von s liefert

$$(a-b+c)(a+b-c) = (a+b+c)(-a+b+c) \ .$$

Ausmultiplizieren ergibt

$$a^2-b^2-c^2+2bc = -a^2+b^2+c^2+2bc, \quad \text{also} \quad a^2 = b^2+c^2 \quad .$$

Dies ist aber gerade äquivalent zu $\alpha = 90°$.

Aus Symmetriegründen gelten die analogen Aussagen für die Winkel β und γ. Das vorgelegte Dreieck ist somit genau dann rechtwinklig, wenn gilt : $(r_a-s)(r_b-s)(r_c-s) = 0$. Damit ist Behauptung a) gezeigt.

Mit der in Beweis 1 gezeigten Äquivalenz der Behauptungen a) und b) ergibt sich schließlich auch die Richtigkeit von b).

Beweis 3 (mit Trigonometrie)

Es werden zunächst einige Formeln bereitgestellt:

(1) $a = 2R\cdot\sin(\alpha)$, $b = 2R\cdot\sin(\beta)$, $c = 2R\cdot\sin(\gamma)$

(2) $s = 4R\cdot\cos(\alpha/2)\cos(\beta/2)\cos(\gamma/2)$

(3) $s-a = 4R\cdot\cos(\alpha/2)\sin(\beta/2)\sin(\gamma/2)$

(4) $F = 2R^2\cdot\sin(\alpha)\sin(\beta)\sin(\gamma)$

(5') $r = 4R\cdot\sin(\alpha/2)\sin(\beta/2)\sin(\gamma/2)$

(5) $r = s\cdot\tan(\alpha/2)\tan(\beta/2)\tan(\gamma/2)$

(6') $r_a = 4R\cdot\sin(\alpha/2)\cos(\beta/2)\cos(\gamma/2)$; analog für r_b, r_c

(6) $r_a = s\cdot\tan(\alpha/2)$; analog für r_b, r_c

(7) $\tan(\alpha/2)\tan(\beta/2)+\tan(\beta/2)\tan(\gamma/2)+\tan(\gamma/2)\tan(\alpha/2) = 1$

Zu (1):

Diese Formeln dürften allgemein bekannt sein; ein Nachweis ergibt sich unmittelbar aus dem Umfangswinkelsatz.

Zu (2):

$$\begin{aligned}
s &= (a + b + c) / 2\\
&= R(\sin(\alpha) + \sin(\beta) + \sin(\gamma))\\
&= R(\sin(\alpha) + \sin(\beta) + \sin(180°-\alpha-\beta))\\
&= R(\sin(\alpha) + \sin(\beta) + \sin(\alpha+\beta))\\
&= R(\sin(\alpha) + \sin(\beta) + \sin(\alpha)\cos(\beta) + \cos(\alpha)\sin(\beta))\\
&= R(2\sin(\alpha/2)\cos(\alpha/2) + 2\sin(\beta/2)\cos(\beta/2)\\
&\quad + 2\sin(\alpha/2)\cos(\alpha/2)(\cos^2(\beta/2)-\sin^2(\beta/2)\\
&\quad + 2(\cos^2(\alpha/2)-\sin^2(\alpha/2))\sin(\beta/2)\cos(\beta/2)\ )\\
&= 2R(\sin(\alpha/2)\cos(\alpha/2)(1+\cos^2(\beta/2)-\sin^2(\beta/2))\\
&\quad +\sin(\beta/2)\cos(\beta/2)(1+\cos^2(\alpha/2)-\sin^2(\alpha/2)\ )\\
&= 2R(\sin(\alpha/2)\cos(\alpha/2)\cdot 2\cos^2(\beta/2)+\sin(\beta/2)\cos(\beta/2)\cdot 2\cos^2(\alpha/2)\ )\\
&= 4R\cdot\cos(\alpha/2)\cos(\beta/2)(\sin(\alpha/2)\cos(\beta/2)+\sin(\beta/2)\cos(\alpha/2))\\
&= 4R\cdot\cos(\alpha/2)\cos(\beta/2)\sin(\alpha/2 + \beta/2)\\
&= 4R\cdot\cos(\alpha/2)\cos(\beta/2)\sin(90°-\gamma/2)\\
&= 4R\cdot\cos(\alpha/2)\cos(\beta/2)\cos(\gamma/2)
\end{aligned}$$

Zu (3):

$$\begin{aligned}
s-a &= 4R\cdot\cos(\alpha/2)\cos(\beta/2)\cos(\gamma/2) - 2R\cdot\sin(\alpha)\\
&= 4R\cdot\cos(\alpha/2)\cos(\beta/2)\cos(\gamma/2) - 4R\cdot\sin(\alpha/2)\cos(\alpha/2)\\
&= 4R\cdot\cos(\alpha/2)(\cos(\beta/2)\cos(\gamma/2)-\sin(90°-\beta/2-\gamma/2))\\
&= 4R\cdot\cos(\alpha/2)(\cos(\beta/2)\cos(\gamma/2)-\cos(\beta/2 + \gamma/2))\\
&= 4R\cdot\cos(\alpha/2)(\cos(\beta/2)\cos(\gamma/2)-\cos(\beta/2)\cos(\gamma/2)\\
&\qquad +\sin(\beta/2)\sin(\gamma/2))\\
&= 4R\cdot\cos(\alpha/2)\sin(\beta/2)\sin(\gamma/2)
\end{aligned}$$

Zu (4):

$$2F = a \cdot b \cdot \sin(\gamma)$$
$$= 2R \cdot \sin(\alpha) \cdot 2R \cdot \sin(\beta)\sin(\gamma)$$
$$= 4R^2 \cdot \sin(\alpha)\sin(\beta)\sin(\gamma)$$

Zu (5') und (5):

$$F = 2R^2 \cdot \sin(\alpha)\sin(\beta)\sin(\gamma)$$
$$= 2R^2 \cdot 2\sin(\alpha/2)\cos(\alpha/2) \cdot 2\sin(\beta/2)\cos(\beta/2) \cdot 2\sin(\gamma/2)\cos(\gamma/2)$$
$$= 4R \cdot \sin(\alpha/2)\sin(\beta/2)\sin(\gamma/2) \cdot 4R \cdot \cos(\alpha/2)\cos(\beta/2)\cos(\gamma/2)$$
$$= 4R \cdot \sin(\alpha/2)\sin(\beta/2)\sin(\gamma/2) \cdot s$$

Wegen $r = F/s$ erhält man (5'); zusammen mit der bereits verwendeten Gleichung (2) ergibt sich damit unmittelbar (5).

Zu (6') und (6):

$$F = 2R^2 . \sin(\alpha)\sin(\beta)\sin(\gamma)$$
$$= 2R^2 \cdot 2\sin(\alpha/2)\cos(\alpha/2) \cdot 2\sin(\beta/2)\cos(\beta/2) \cdot 2\sin(\gamma/2)\cos(\gamma/2)$$
$$= 4R \cdot \cos(\alpha/2)\sin(\beta/2)\sin(\gamma/2) \cdot 4R \cdot \sin(\alpha/2)\cos(\beta/2)\cos(\gamma/2)$$
$$= 4R \cdot \sin(\alpha/2)\cos(\beta/2)\cos(\gamma/2) \cdot (s - a)$$

Bei der letzten Umformung wurde (3) benutzt. Wegen $r_a = F/(s-a)$ erhält man (6'); zusammen mit Gleichung (3) ergibt sich damit unmittelbar (6).

Zu (7):

$$s-a = 4R \cdot \cos(\alpha/2)\sin(\beta/2)\sin(\gamma/2)$$
$$= 4R \cdot \cos(\alpha/2)\cos(\beta/2)\cos(\gamma/2)\tan(\beta/2)\tan(\gamma/2)$$
$$= s \cdot \tan(\beta/2)\tan(\gamma/2) \quad \text{; analog für s-b und s-c.}$$

$$s = 3s - 2s$$
$$= 3s - (a + b + c)$$
$$= (s-a) + (s-b) + (s-c)$$
$$= s \cdot (\tan(\beta/2)\tan(\gamma/2)+\tan(\gamma/2)\tan(\alpha/2)+\tan(\alpha/2)\tan(\beta/2))$$

Division durch s liefert die Formel (7).

Nach der Bereitstellung der Formeln sind die Beweise zu a) und b) schnell zu führen.

Beweis von Behauptung a):

Nach (5) und (6) gilt

$$r+r_a+r_b+r_c=s(\tan(\alpha/2)\tan(\beta/2)\tan(\gamma/2)+\tan(\alpha/2)+\tan(\beta/2)+\tan(\gamma/2)).$$

Wegen $a+b+c=2s$ ist damit die Gleichung im Behauptungsteil a) äquivalent zur Gleichung

(*) $\tan(\alpha/2)\tan(\beta/2)\tan(\gamma/2)+\tan(\alpha/2)+\tan(\beta/2)+\tan(\gamma/2) = 2$.

Subtraktion von 2 auf beiden Seiten liefert unter Verwendung der allgemeingültigen Formel (7) die zu (*) äquivalente Gleichung

$$\tan(\alpha/2)\tan(\beta/2)\tan(\gamma/2)+\tan(\alpha/2)+\tan(\beta/2)+\tan(\gamma/2) \\ -(\tan(\alpha/2)\tan(\beta/2)+\tan(\beta/2)\tan(\gamma/2)+\tan(\gamma/2)\tan(\alpha/2) + 1) = 0,$$

also $(\tan(\alpha/2)-1)(\tan(\beta/2)-1)(\tan(\gamma/2)-1) = 0$.

Diese Gleichung ist aber genau dann erfüllt, wenn einer der Faktoren auf der linken Seite verschwindet, also α, β oder γ ein rechter Winkel ist. Damit ist a) bewiesen.

Der Beweis zu b) erfolgt wie bei den algebraischen Lösungen durch Reduktion auf die Behauptung im schon bewiesenen Aufgabenteil.

Durch Quadrieren beider Seiten der Gleichung aus Teil a) erhält man die (wegen der Positivität der Zahlen) äquivalente Gleichung

$$(r + r_a + r_b + r_c)^2 = (a + b + c)^2 \quad , \quad \text{also}$$

$$r^2+r_a{}^2+r_b{}^2+r_c{}^2+2(rr_a+r_br_c+rr_b+r_ar_c+rr_c+r_ar_c)=a^2+b^2+c^2+2(bc+ca+ab).$$

Dies ist aber gerade zur Gleichung aus Behauptung b) äquivalent, denn es gilt allgemein:

(!) $rr_a+r_br_c + rr_b+r_ar_c + rr_c+r_ar_c = bc + ca + ab$.

Wegen des symmetrischen Aufbaus von (!) ist es für einen Nachweis hinreichend, die Gültigkeit von $rr_a+r_br_c = bc$ zu zeigen. Unter Benutzung von (5') und (6') erhält man:

$$\begin{aligned} rr_a+r_br_c &= 4R\cdot\sin(\alpha/2)\sin(\beta/2)\sin(\gamma/2)\cdot 4R\cdot\sin(\alpha/2)\cos(\beta/2)\cos(\gamma/2) \\ &\quad +4R\cdot\cos(\alpha/2)\sin(\beta/2)\cos(\gamma/2)\cdot 4R\cdot\cos(\alpha/2)\cos(\beta/2)\sin(\gamma/2) \\ &= 16R^2\cdot(\ \sin^2(\alpha/2)\sin(\beta/2)\sin(\gamma/2)\cos(\beta/2)\cos(\gamma/2) \\ &\qquad + \cos^2(\alpha/2)\sin(\beta/2)\cos(\gamma/2)\cos(\beta/2)\sin(\gamma/2)\ ) \\ &= 4R^2\cdot(\ \sin^2(\alpha/2)\cdot 2\sin(\beta/2)\cos(\beta/2)\cdot 2\sin(\gamma/2)\cos(\gamma/2) \\ &\qquad + \cos^2(\alpha/2)\cdot 2\sin(\beta/2)\cos(\beta/2)\cdot 2\cos(\gamma/2)\sin(\gamma/2)\ ) \\ &= 4R^2\cdot(\ \sin^2(\alpha/2)\sin(\beta)\sin(\gamma) + \cos^2(\alpha/2)\sin(\beta)\sin(\gamma)\ ) \\ &= 4R^2\cdot(\ (\sin^2(\alpha/2)+\cos^2(\alpha/2))\sin(\beta)\sin(\gamma)\ ) \\ &= 4R^2\cdot\sin(\beta)\sin(\gamma) \\ &= 2R\cdot\sin(\beta)\cdot 2R\cdot\sin(\gamma) \\ &= bc \qquad (\text{ nach } (1)\ ) \end{aligned}$$

Damit ist der Beweis abgeschlossen.

Bemerkungen zu den angegebenen und weiteren Beweisen

Bei den Erläuterungen zu den Umformungen wurde zur Straffung der ohnehin längeren Rechnungen auf begründende Erläuterungen verzichtet, wo solche entbehrlich erschienen, z.B. überall bei der Anwendung der Additionstheoreme der Winkelfunktionen.

Weitere Lösungen sind z.B unter Verwendung der nachfolgenden Formeln möglich:

Formel 1: $r_a + r_b + r_c - r = 4R$.

Formel 2: Genau dann ist Dreieck ABC rechtwinklig, wenn gilt

$$a^2 + b^2 + c^2 = 8R^2 \quad .$$

Beweis zu Formel 1: Nach den innerhalb von Beweis 2 zusammengestellten Formeln (6') und (5') erhält man:

$$\begin{aligned} r_a + r_b + r_c - r &= 4R\cdot\sin(\alpha/2)\cos(\beta/2)\cos(\gamma/2) \\ &\quad + 4R\cdot\cos(\alpha/2)\sin(\beta/2)\cos(\gamma/2) \\ &\quad + 4R\cdot\cos(\alpha/2)\cos(\beta/2)\sin(\gamma/2) \\ &\quad - 4R\cdot\sin(\alpha/2)\sin(\beta/2)\sin(\gamma/2) \\ &= 4R\cdot\sin(\alpha/2 + \beta/2)\cos(\gamma/2) \\ &\quad + 4R\cdot\sin(\gamma/2)\cos(\alpha/2 + \beta/2) \\ &= 4R\cdot\sin(\alpha/2 + \beta/2 + \gamma/2) \\ &= 4R\cdot\sin(90^\circ) \\ &= 4R \;. \end{aligned}$$

Beweis zu Formel 2: Ausgehend vom Cosinussatz in der Form $a^2 = b^2 + c^2 - 2bc\cdot\cos(\alpha)$ erhält man durch Einsetzen gemäß Formel (1) (aus Beweis 2):

$$\sin^2(\alpha) = \sin^2(\beta)+\sin^2(\gamma)-2\sin(\beta)\sin(\gamma)\cos(\alpha) \;.$$

Dies liefert:

$$\begin{aligned} \sin^2(\alpha) + \sin^2(\beta) + \sin^2(\gamma) &= 2\sin^2(\alpha) + 2\sin(\beta)\sin(\gamma)\cos(\alpha) \\ &= 2-2\cos^2(\alpha)+2\sin(\beta)\sin(\gamma)\cos(\alpha) \\ &= 2-2\cos(\alpha)(\cos(\alpha)-\sin(\beta)\sin(\gamma)) \quad . \end{aligned}$$

Der Faktor $\cos(\alpha)-\sin(\beta)\sin(\gamma)$ vereinfacht sich wegen $\alpha=180^\circ-\beta-\gamma$ über $-\cos(\beta+\gamma)-\sin(\beta)\sin(\gamma)$ durch Anwenden des Additionstheorems der Cosinusfunktion zu $\cos(\beta)\cos(\gamma)$, so daß man hat:

$$\sin^2(\alpha) + \sin^2(\beta) + \sin^2(\gamma) = 2 - 2\cos(\alpha)\cos(\beta)\cos(\gamma).$$

Durch Multiplikation mit $4R^2$ ergibt sich bei Benutzung der bereits oben benutzen Formeln (1)

$$a^2 + b^2 + c^2 = 8R^2 - 8R^2 \cdot \cos(\alpha)\cos(\beta)\cos(\gamma) .$$

Da der Summand $8R^2 \cdot \cos(\alpha)\cos(\beta)\cos(\gamma)$ genau dann verschwindet, wenn einer der Winkel α, β, γ ein rechter ist, ergibt sich damit die Behauptung von Formel 2 .

Aufgabe 3

Es sei d_n die letzte von 0 verschiedene Ziffer der Dezimaldarstellung von $n!$.

Man zeige, daß die Folge $d_1, d_2, d_3, \ldots$ nicht periodisch ist.

Erläuterung: Der Ausdruck $n!$ ("n-Fakultät") bezeichnet das Produkt der natürlichen Zahlen von 1 bis n.
Eine Folge $a_1, a_2, a_3, \ldots$ heißt genau dann periodisch, wenn es natürliche Zahlen T und n_0 mit der folgenden Eigenschaft gibt: Für alle natürlichen Zahlen n mit $n > n_0$ gilt $a_n = a_{n+T}$.

Lösung 1

Die folgenden zwei Hilfssätze werden benutzt:

Hilfssatz 1: Die Folge (d_n) nimmt für $n>1$ nur Werte aus der Menge $\{2, 4, 6, 8\}$ an ;
das bedeutet: für jede von eins verschiedene natürliche Zahl n enthält die Primfaktorzerlegung von $n!$ den Faktor 2 in höherer Ordnung als den Faktor 5.

Zum Beweis sei M die Menge der natürlichen Zahlen von 1 bis n; jedes Element von M hat eine eindeutige Darstellung der Form $2^k 5^m u$, wobei k und m nichtnegative ganze Zahlen sind und u eine zu 10 teilerfremde natürliche Zahl ist. Enthält M ein Element $x=2^k 5^m u$ mit $k<m$, so liegt die kleinere Zahl $x'=2^m 5^k u$ ebenfalls in M. Die Zuordnung $x \to x'$ ist offenbar injektiv. Streicht man nun aus M alle Elemente der Form $2^k 5^m u$ mit $k<m$ und entfernt gleichzeitig die im Sinne der obigen Zuordnung zugehörigen Elemente, so bleibt ein etwaiges Überwiegen an Primfaktoren 5 bzw. 2 beim Produkt der Elemente aus M erhalten. M enthält aber keine Zahl mehr, bei welchem die Ordnung des Primfaktors 5 gegenüber jener der 2 überwiegt. Das Produkt der Elemente aus M enthält also den Primfaktor 5 nicht in höherer Ordnung als den Primfaktor 2.

Es sei nun k die größte ganze Zahl für die 2^k in M liegt. Wegen $n>1$ gilt dann $k \geq 1$ und $5^k > 4^k = 2^{2k}$. Nach Definition von k kann 2^{2k} wegen $2k>k$ nicht zu M gehören, erst recht dann also auch die größere Zahl 5^k nicht. Das Element 2^k ist also von der Streichung nicht betroffen worden; somit tritt beim Produkt der Elemente aus M, also $n!$, der Primfaktor 2 in mindestens um k höherer Ordnung als der Primfaktor 5 auf.

Hilfssatz 2: Zu jeder natürlichen Zahl n gibt es oberhalb einer vorgegebenen Schranke ein Vielfaches von n, dessen letzte von null verschiedene Ziffer eine 1 ist.

Zum Beweis seien die natürliche Zahl n sowie die Schranke s vorgegeben. Die Zahl n habe die Faktorzerlegung

$$n = u \cdot 2^k \cdot 5^r \ , \quad \text{wobei u zu 2 und 5 teilerfremd sei.}$$

Setzt man $m := n \cdot 2^r \cdot 5^k m$, so ist die letzte von null verschiedene Ziffer von m weder 5 noch eine gerade Zahl, also eine der Ziffern 1, 3, 7, 9. Durch Multiplikation mit 3 bei Ziffer 7, mit 7 bei Ziffer 3 und mit 9 bei Ziffer 9 erhält man ein Vielfaches von n, dessen letzte von null verschiedene Ziffer eine 1 ist. Durch Multiplikation mit einer s übertreffenden Zehnerpotenz erhält man das gewünschte Vielfache von n. Damit ist der Hilfssatz bewiesen.

Die Annahme der Periodizität der Folge (d_n) wird nachfolgend zum Widerspruch geführt. Es seien n_0 und T geeignete natürliche Zahlen, so daß für alle $n \in \mathbb{N}$ mit $n > n_0$ gilt $d_n = d_{n+T}$; für jede natürliche Zahl k gilt dann $d_n = d_{n+kT}$, wie durch vollständige Induktion unmittelbar folgt.

Man wähle die natürliche Zahl k so, daß die letzte von null verschiedene Ziffer von kT eine 1 ist und $kT > n_0 + 1$ gilt. Dann gilt $d_{kT} = d_{2kT}$ und $d_{kT-1} = d_{2kT-1}$.

Wegen $d_{kT-1} = d_{2kT-1}$ muß die letzte von null verschiedene Ziffer von $(kT-1)!$ mit der letzten von null verschiedenen Ziffer von $(2kT-1)!$ übereinstimmen. Diese letzte Ziffer ist nach Hilfssatz 1 eine 2,4,6 oder 8. Da die letzte von null verschiedene Ziffer von kT eine 1 ist, gilt $d_{kT-1} = d_{kT}$, also auch $d_{2kT-1} = d_{2kT}$.

Die letzte von null verschiedene Ziffer von 2kT ist eine 2; wegen $(2kT)! = (2kT-1)! \cdot 2kT$ ergibt sich aus $d_{2kT-1} = 2$ (bzw. 4, 6, 8) $d_{kT} = 4$ (bzw. 8, 2, 6) mit Widerspruch zu $d_{2kT-1} = d_{2kT}$.

Die Folge (d_n) ist damit als nichtperiodisch nachgewiesen.

Lösung 2

Die Lösung verwendet Hilfssatz 1 aus Lösung 1 sowie die folgenden beiden Hilfssätze:

Hilfssatz 3: Das Produkt $P(n) := n(n+1)(n+2)\ldots(2n-1)$ enthält für jede natürliche Zahl $n > 5^{33}/2$ den Faktor 2 in höherer Ordnung als den Faktor 5, d.h. für die Darstellung der Form $P(n) = 2^z \cdot 5^f \cdot u$, wobei u zu 2 und 5 teilerfremd ist, gilt $z > f$.

Zum Beweis seien e und w unter den natürlichen Zahlen, für die gilt $2^e < 2n$ und $5^w < 2n$, die maximalen. Von m aufeinanderfolgenden natürlichen Zahlen sind mindestens [m/k] und höchstens 1+[m/k] durch k teilbar ($m,k \in \mathbb{N}$). Deshalb gilt:

$$f \leq [\frac{n}{5}] + 1 + [\frac{n}{5^2}] + 1 + [\frac{n}{5^3}] + 1 + \ldots + [\frac{n}{5^w}] + 1$$

$$\leq \frac{n}{5}(1 + \frac{1}{5} + \frac{1}{5^2} + \ldots + \frac{1}{5^{w-1}}) + w$$

$$< \frac{n}{5} \cdot \frac{5}{4} + w \quad , \text{ also } f < \frac{n}{4} + w \quad .$$

$$z \geq [\frac{n}{2}] + [\frac{n}{2^2}] + [\frac{n}{2^3}] + \ldots + [\frac{n}{2^e}]$$

$$> \frac{n}{2} - 1 + \frac{n}{2^2} - 1 + \frac{n}{2^3} - 1 +- \ldots + \frac{n}{2^e} - 1$$

$$> \frac{n}{2} - e \quad .$$

Es genügt also, die Gültigkeit von $n/4 + w < n/2 - e$ nachzuweisen, d.h. $n > 4w + 4e$. Dazu reicht es, wenn gilt

(1) $8e < n$ und (2) $8w < n$.

Hierzu ist wegen der obigen Definition von w und e die Gültigkeit von

$16w < 5^w$ und $16e < 2^e$ hinreichend.

Diese Ungleichungen sind aber nun z.B. für alle natürlichen Zahlen e, w mit e, w > 33 erfüllt. Denn mit dem binomischen Satz erhält man

$$2^e = (1+1)^e > 1 + e + e(e-1)/2 > 16e \quad .$$

Hieraus folgt (1) und wegen $2^w < 5^w$ auch (2).

Hilfssatz 4: Man betrachte die Menge $G = \{2, 4, 6, 8\}$ mit der Verknüpfung $a*b :=$ Zehnerrest von $a \cdot b$. Ist dann für $a, b \in G$ die Gleichung $a*b=b$ richtig, so ist $a=6$.

*	2	4	6	8
2:	4	8	2	6
4:	8	6	4	2
6:	2	4	6	8
8:	6	2	8	4

Der Beweis ergibt sich unmittelbar durch Betrachtung der links angegebenen Verknüpfungstabelle.

(G ist bezüglich der Verknüpfung * eine kommutative Gruppe mit dem neutralen Element 6 .)

Wäre nun (d_n) periodisch mit T, n_0 gemäß Erläuterung, so gälte für n mit $nT > n_0+5^{33}/2$:

$$d_{nT-1} = d_{2nT-1} .$$

Die Multiplikation von $(nT-1)!$ mit $(nT)(nT+1)(nT+2)...(2nT-1)$ verändert also nicht die letzte von null verschiedene Ziffer. Nach Hilfssatz 3 ist bei $(nT)(nT+1)(nT+2)...(2nT-1)$, nach Hilfssatz 1 bei $(nT-1)!$ die letzte von null verschiedene Ziffer gerade; nach Hilfssatz 4 ist daher die letzte von null verschiedene Ziffer von $(nT)(nT+1)...(2nT-1)$ eine 6.

Da nun gilt

$$(nT+1)(nT+2)...(2nT-1)(2nT) = 2(nT)(nT+1)(nT+2)...(2nT-1) ,$$

hat $(nT+1)(nT+2)...(2nT-1)(2nT)$ als letzte von null verschiedene Ziffer eine 2.

Wegen $(2nT)! = (nT)!(nT+1)(nT+2)...(2nT-1)(2nT)$

können die letzten von null verschiedenen Ziffern von $(2nT)!$ und $(nT)!$ nicht übereinstimmen. Die Folgenglieder d_{nT} und d_{2nT} sind also verschieden - im Widerspruch zur angenommenen Periodizität.

Aufgabe 4

Gegeben seien die endliche Menge M mit m Elementen und 1986 weitere Mengen $M_1, M_2, M_3, ..., M_{1986}$, von denen jede mehr als m/2 Elemente aus M enthält.

Man zeige, daß nicht mehr als zehn Elemente von M markiert werden müssen, damit jede Menge M_i $(i = 1, 2, ..., 1986)$ mindestens ein markiertes Element enthält.

Lösung

Vorausgeschickt wird der folgende

Satz: Gegeben sei die natürliche Zahl n und die endliche Menge M mit m Elementen. Weiterhin sei $k(n)=2^{n+1}-2$ und seien $M_1, M_2, M_3, ..., M_{k(n)}$ weitere Mengen, von denen jede mehr als m/2 Elemente aus M enthält.
Dann gibt es eine höchstens n-elementige Teilmenge T von M, die mit jeder der Mengen M_i $(i=1,2,3,...,k(n))$ nicht-leeren Durchschnitt hat.

Beweis (durch vollständige Induktion über n):

Im Falle $\underline{n=1}$ liegen die Mengen M_1 und M_2 vor. Da jede von ihnen mehr als m/2 Elemente von M enthält, gibt es mindestens ein Element x, das sowohl in M_1 als auch in M_2 liegt. Mit $T:=\{x\}$ hat man eine Menge der geforderten Art.

Zum Schluß von n auf n+1 seien die Mengen M, M_1, M_2, ..., $M_{k(n+1)}$ vorgelegt.

Man zähle die Paare (x,i) ($x \in M$, $i \in \{1, 2, ..., k(n+1)\}$), für die x in M_i liegt. Da jede der k(n+1) Mengen M_i mehr als m/2 Elemente aus M enthält, ergibt die Zählung mehr als k(n+1)m/2 Paare.

Läge nun jedes $x \in M$ in höchstens $2^{n+1}-1$ der Mengen M_i, ergäbe die Zählung andererseits höchstens $m(2^{n+1}-1)$ Paare; die Folgerung

$$(2^{n+2}-2) \cdot m/2 < m(2^{n+1} - 1)$$ zeigt den Widerspruch.

Mindestens ein Element von M muß also in mehr als $2^{n+1}-1$ der Mengen M_i liegen. Ein solches Element sei x. Man entferne 2^{n+1} der {x} als Teilmenge enthaltenden Mengen M_i. Wegen

$$k(n+1) - 2^{n+1} = 2^{n+2}-2 - 2^{n+1} = 2^{n+1}-2 = k(n)$$

bleiben k(n) Mengen M_i übrig. Nach Induktionsannahme gibt es eine höchstens n-elementige Teilmenge T von M, die mit allen verbliebenen Mengen M_i nicht-leeren Durchschnitt hat. Durch Vereinigung von T mit {x} erhält man die Menge, deren Existenz nachzuweisen war.

Zur Lösung der gestellten Aufgabe definiere man nun $M_i := M$ für i=1987, 1988, ..., 2046. Wegen $k(10) = 2^{11}-2 = 2046$ liefert der obige Satz die Menge T der maximal zehn Elemente, deren Markierung ausreicht.

Aufgaben 1987 1. Runde

1. Es sei p eine Primzahl größer als 3 und n eine natürliche Zahl; außerdem habe p^n in der Dezimalschreibweise 20 Stellen.

   Man zeige, daß hierin mindestens eine Ziffer mehr als zweimal vorkommt.

2. Es sei n eine natürliche Zahl und $M_n = \{1,2,3,\dots,n\}$. Eine Teilmenge T von M_n heiße fett, wenn kein Element von T kleiner ist als die Anzahl der Elemente von T. Die Anzahl der fetten Teilmengen von M_n werde mit $f(n)$ bezeichnet.

   Man entwickle ein Verfahren, mit dem sich $f(n)$ für jedes n bestimmen läßt, und berechne damit $f(32)$.

3. Gegeben sei ein konvexes Vieleck mit mindestens drei Ecken. Durch je drei aufeinanderfolgende Ecken wird jeweils ein Kreis gelegt. Man beweise, daß mindestens eine der dadurch entstandenen Kreisscheiben das Vieleck ganz überdeckt.

4. Vorgegeben seien n^3 Einheitwürfel $(n>1)$, die von 1 bis n^3 durchnumeriert sind. Alle diese Einheitswürfel werden zu einem Würfel der Kantenlänge n zusammengesetzt. In diesem Würfel heißen zwei Einheitswürfel benachbart, wenn sie mindestens eine Ecke gemeinsam haben. Als Abstand zweier benachbarter Einheitswürfel wird der Absolutbetrag der Differenz ihrer Nummern definiert.

   Man denke sich für jede mögliche Zusammensetzung des großen Würfels den größten auftretenden Abstand benachbarter Einheitswürfel auf eine Tafel geschrieben. Was ist die kleinste Zahl, die auf dieser Tafel notiert wird ? (Beweis !)

   Erläuterung: Ein Einheitswürfel ist ein Würfel mit der Kantenlänge 1.

Aufgaben 1987 2. Runde

1. Man bestimme alle Tripel (x,y,z) ganzer Zahlen, für die gilt:

$$2^x + 3^y = z^2 \quad .$$

2. Jede Kante eines konvexen Vielflachs ist mit einer Richtung versehen und darf nur in dieser Richtung durchlaufen werden. Dabei gibt es zu jeder Ecke mindestens eine Kante, die zu ihr hinführt, und mindestens eine Kante, die von ihr wegführt.

   Man zeige, daß dann das Vielflach mindestens zwei Seitenflächen hat, die jeweils auf ihrem Rand umlaufen werden können.

3. Gegeben sind zwei Folgen natürlicher Zahlen $(a_1, a_2, a_3, \ldots)$ und $(b_1, b_2, b_3, \ldots)$ mit

$$a_{n+1} = n \cdot a_n + 1 \quad \text{und} \quad b_{n+1} = n \cdot b_n - 1$$

   für jedes $n \in \{1, 2, 3, \ldots\}$.

   Man zeige, daß es höchstens endlich viele Zahlen gibt, die beiden Folgen angehören.

4. Es seien k und n natürliche Zahlen mit $1 < k \leq n$; $x_1, x_2, x_3, \ldots, x_k$ seien k positive Zahlen, deren Summe gleich ihrem Produkt ist.

   a) Man zeige: $x_1^{n-1} + x_2^{n-1} + \ldots + x_k^{n-1} \geq kn$.

   b) Welche zusätzlichen Bedingungen für k, n und $x_1, x_2, \ldots, x_k$ sind notwendig und hinreichend dafür, daß

$$x_1^{n-1} + x_2^{n-1} + \ldots + x_k^{n-1} = kn \qquad \text{gilt ?}$$

Lösungen 1987 1. Runde

Aufgabe 1

Es sei p eine Primzahl größer als 3 und n eine natürliche Zahl; außerdem habe p^n in der Dezimalschreibweise 20 Stellen.

Man zeige, daß hierin mindestens eine Ziffer mehr als zweimal vorkommt.

Lösung

Es wird gezeigt, daß eine zwanzigstellige Zahl, bei der keine Ziffer mehr als zweimal vorkommt, durch 3 teilbar ist:

Die Primzahlpotenz p^n sei vorgelegt. Da es im Dezimalsystem genau zehn verschiedene Ziffern gibt, muß jede Ziffer in der Dezimaldarstellung von p^n genau zweimal auftreten. Für die Quersumme q von p^n ergibt sich daher:

$$q = 2(0 + 1 + 2 + 3 + 4 + 5 + 6 + 7 + 8 + 9) = 90 \quad .$$

Da q Vielfaches von 3 ist, muß auch p^n durch 3 teilbar sein, kann also keine Potenz einer von 3 verschiedenen Primzahl sein. Ist also umgekehrt p eine von 3 verschiedene Primzahl, tritt mindestens eine Ziffer in der Dezimaldarstellung von p^n mehr als zweimal auf.

Zusatz: Da in den einzigen beiden zwanzigstelligen Potenzen von 3 ($3^{40}=12157665459056928801$ und $3^{41}=36472996377170786403$) jeweils ebenfalls Ziffern mehr als zweifach auftreten, gilt die Behauptung der Aufgabe für jede zwanzigstellige Primzahlpotenz.

Aufgabe 2

Es sei n eine natürliche Zahl und $M_n = \{1,2,3,\ldots,n\}$. Eine Teilmenge T von M_n heiße fett, wenn kein Element von T kleiner ist als die Anzahl der Elemente von T. Die Anzahl der fetten Teilmengen von M_n werde mit f(n) bezeichnet.

Man entwickle ein Verfahren, mit dem sich f(n) für jedes n bestimmen läßt, und berechne damit f(32).

Lösung 1

Die fetten Teilmengen von M_n werden nach der Anzahl k ihrer Elemente gezählt ($0 \leq k \leq n$). Die Elemente einer k-elementigen fetten Teilmenge von M_n dürfen alle nicht kleiner als k sein, sondern müssen aus der Menge {k, k+1, k+2, ..., n} gewählt werden. Da die Mächtigkeit dieser Menge n-k+1 beträgt und jede fette k-elementige Teilmenge von M_n durch eine solche Auswahl erhalten wird, ergibt sich als gesuchte Anzahl der fetten Teilmengen von M_n

$$f(n) = \sum_{k=0}^{n} \binom{n-k+1}{k} .$$

Hiermit erhält man

$$f(32) = \binom{33}{0}+\binom{32}{1}+\binom{31}{2}+\binom{30}{3}+\binom{29}{4}+\ldots+\binom{18}{15}+\binom{17}{16}+0+0+\ldots+0$$

$$= 1 + 32 + 465 + 4060 + 23751 + 98280 + 296010 + 657800$$

$$+ 1081575 + 1307504 + 1144066 + 705432 + 293930$$

$$+ 77520 + 11628 + 816 + 17$$

$$= 5702887 \quad .$$

Zusatz: Will man die ewas mühsame Berechnung der Binomialkoeffizienten vermeiden, kann man mit Hilfe einer Rekursion für f(n) die Berechnung vereinfachen:

Die bekannte Rekursionsgleichung für Binomialkoeffizienten

$$\binom{n-k+2}{k+1} = \binom{n-k+1}{k+1} + \binom{n-k+1}{k}$$

wird nachfolgend zum Nachweis der Rekursion

$$(*) \qquad f(n+2) = f(n+1) + f(n)$$

verwendet. Weiterhin wird benutzt, daß jede Menge genau eine nullelementige Teilmenge besitzt und jede Menge mit weniger als k Elementen keine k-elementige Teilmenge hat.

$$f(n+2) = \sum_{k=0}^{n+2} \binom{n-k+3}{k}$$

$$= 1 + \sum_{k=1}^{n+2} \binom{n-k+3}{k}$$

$$= 1 + \sum_{k=0}^{n+1} \binom{n-k+2}{k+1}$$

$$= 1 + \sum_{k=0}^{n+1} \binom{n-k+1}{k+1} + \sum_{k=0}^{n+1} \binom{n-k+1}{k}$$

$$= 1 + \sum_{k=1}^{n+2} \binom{n-k+2}{k} + f(n)$$

$$= \sum_{k=0}^{n+2} \binom{n-k+2}{k} + f(n)$$

$$= f(n+1) + f(n) \quad .$$

Die fetten Teilmengen von {1} sind {} und {1}, die fetten Teilmengen von {1,2} sind {}, {1} und {2}. Es ist also f(1) = 2 und f(2) = 3. Durch wiederholtes Abspulen der Rekursion (*) erhält man

n	f(n)	n	f(n)	n	f(n)	n	f(n)
1	2	9	89	17	4181	25	196418
2	3	10	144	18	6765	26	317811
3	5	11	233	19	10946	27	514229
4	8	12	377	20	17711	28	832040
5	13	13	610	21	28657	29	1346269
6	21	14	987	22	46368	30	2178309
7	34	15	1597	23	75025	31	3524578
8	55	16	2584	24	121393	32	5702887

,

insbesondere also f(32) = 5 702 887 .

Lösung 2

Die zweigliedrige Rekursion f(n+2) = f(n+1) + f(n) läßt sich ohne Verwendung von Binomialkoeffizienten durch die nachfolgende Überlegung gewinnen:

Man betrachtet diejenigen fetten Teilmengen von M_{n+2}, die keine fetten Teilmengen von M_{n+1} sind, also jene, die das Element n+2 enthalten. Die Anzahl dieser Mengen ist f(n+2) − f(n+1). Eine solche Menge kann offensichtlich nicht das Element 1 enthalten, da sie dann nicht fett wäre. Man bilde nun zu einer derartigen Menge T die Menge T' , indem zuerst von allen Elementen die Zahl 1 subtrahiert wird und dann das Element n+1 gestrichen wird. T' ist dann offenbar eine fette Teilmenge von M_n. Da auf diese Weise alle fetten Teilmengen von M_n erhalten werden und der Übergang T --> T' umkehrbar ist, beträgt die Anzahl der betrachteten Mengen f(n); somit gilt

$$(*) \quad f(n+2) = f(n+1) + f(n) \quad .$$

Zur Berechnung von f(32) verfährt man dann gemäß Lösung 1.

Ergänzung: Zur expliziten Darstellung von $f(n)$:

Vielen Teilnehmern wird die Fibonaccifolge und vor allem ihre explizite Darstellung nicht geläufig sein; der nachfolgende Weg zur Herleitung könnte für Schüler nach einem Leistungskurs Lineare Algebra gewählt werden:

Die Menge M aller Folgen, die einer vorgegebenen zweigliedrigen linearen Rekursion genügen - hier sei speziell (*) gewählt -, bildet einen zweidimensionalen Vektorraum. Zwei beliebige linear unabhängige Folgen in M bilden somit eine Basis von M; wegen der besonders einfachen Berechenbarkeit sucht man nach geometrischen Folgen $(1,q,q^2,q^3,...)$ in M. Die Folge $(1,q,q^2,q^3,...)$ liegt genau dann in M, wenn für alle $n \in \mathbb{N}$ gilt:

$$q^{n+1} = q^n + q^{n-1}.$$

Dies ist offenbar genau dann der Fall, wenn q eine Lösung der Gleichung $x^2 - x - 1 = 0$ ist, also für die Werte q_1 und q_2 mit

$$q_1 = \frac{1-\sqrt{5}}{2} \quad \text{und} \quad q_2 = \frac{1+\sqrt{5}}{2} \quad .$$

Die durch q_1 und q_2 bestimmten geometrischen Folgen sind linear unabhängig, da dies bereits für die zweidimensionalen Vektoren $(1,q_1)$ und $(1,q_2)$ gilt. Die gesuchte Folge $(f(1),f(2),f(3),...)$ läßt sich also als Linearkombination der beiden geometrischen Folgen mit geeigneten Koeffizienten α und β darstellen. Wegen $f(1)=2$ und $f(2)=3$ gilt also insbesondere:

$$\alpha + \beta = 2 \qquad (n = 1 \text{ eingesetzt}),$$
$$\alpha q_1 + \beta q_2 = 3 \qquad (n = 2 \text{ eingesetzt}) .$$

Als Lösungen dieses linearen Gleichungssystems erhält man

$$\alpha = \frac{2q_2 - 3}{q_2 - q_1} = \frac{\sqrt{5} - 2}{\sqrt{5}} \quad , \quad \beta = \frac{3 - 2q_1}{q_2 - q_1} = \frac{2 + \sqrt{5}}{\sqrt{5}} \quad .$$

Damit hat man für $f(n)$ die folgende Darstellung:

$$f(n) = \frac{\sqrt{5}-2}{\sqrt{5}}\left(\frac{1-\sqrt{5}}{2}\right)^{n-1} + \frac{2+\sqrt{5}}{\sqrt{5}}\left(\frac{1+\sqrt{5}}{2}\right)^{n-1}$$

Hiermit läßt sich nun $f(32)$ berechnen:

$$f(32) = \frac{\sqrt{5}-2}{\sqrt{5}}\left(\frac{1-\sqrt{5}}{2}\right)^{32-1} + \frac{2+\sqrt{5}}{\sqrt{5}}\left(\frac{1+\sqrt{5}}{2}\right)^{32-1}$$

$$= \frac{2(\sqrt{5}-2)}{\sqrt{5}(1-\sqrt{5})}\left(\frac{1-\sqrt{5}}{2}\right)^{32} + \frac{2(2+\sqrt{5})}{\sqrt{5}(1+\sqrt{5})}\left(\frac{1+\sqrt{5}}{2}\right)^{32}$$

$$= \frac{2\sqrt{5}-4}{\sqrt{5}-5}\left(\frac{3-\sqrt{5}}{2}\right)^{16} + \frac{4+2\sqrt{5}}{\sqrt{5}+5}\left(\frac{3+\sqrt{5}}{2}\right)^{16}$$

$$= \frac{5-3\sqrt{5}}{10}\left(\frac{3-\sqrt{5}}{2}\right)^{16} + \frac{5+3\sqrt{5}}{10}\left(\frac{3+\sqrt{5}}{2}\right)^{16}$$

$$= \frac{5-3\sqrt{5}}{10}\left(\frac{7-3\sqrt{5}}{2}\right)^{8} + \frac{5+3\sqrt{5}}{10}\left(\frac{7+3\sqrt{5}}{2}\right)^{8}$$

$$= \frac{5-3\sqrt{5}}{10}\left(\frac{47-21\sqrt{5}}{2}\right)^{4} + \frac{5+3\sqrt{5}}{10}\left(\frac{47+21\sqrt{5}}{2}\right)^{4}$$

$$= \frac{5-3\sqrt{5}}{10}\left(\frac{2207-987\sqrt{5}}{2}\right)^{2} + \frac{5+3\sqrt{5}}{10}\left(\frac{2207+987\sqrt{5}}{2}\right)^{2}$$

$$= \frac{5-3\sqrt{5}}{10}\cdot\frac{4870847-2178309\sqrt{5}}{2} + \frac{5+3\sqrt{5}}{10}\cdot\frac{4870847+2178309\sqrt{5}}{2}$$

$$= (10\cdot 4870847 + 6\cdot 5\cdot 2178309)/20$$

$$= (4870847 + 3\cdot 2178309)/2 = (4870847 + 6534927)/2$$

$= 11405774/2 = 5702887$; damit ist $f(32)$ berechnet.

Aufgabe 3

Gegeben sei ein konvexes Vieleck mit mindestens drei Ecken. Durch je drei aufeinanderfolgende Ecken wird jeweils ein Kreis gelegt. Man beweise, daß mindestens eine der dadurch entstandenen Kreisscheiben das Vieleck ganz überdeckt.

Lösung 1

Es werden zunächst zwei Überdeckungs- und Anordnungsbeziehungen von Kreissegmenten formuliert.

(1) Die Menge aller Kreissegmente über einer gemeinsamen Sehne AB und in der gleichen Halbebene von (AB) ist bezüglich der Mengeninklusion vollständig geordnet.

(2) Sind K_1 und K_2 zwei verschiedene Kreisscheiben mit gemeinsamer Sehne AB, so wird in genau einer der beiden durch (AB) bestimmten Halbebenen das dort liegende Segment von K_1 durch das dort liegende Segment von K_2 überdeckt, während in der anderen die Rollen von K_1 und K_2 gerade vertauscht sind.

Auf einen Beweis zu (1), etwa mit Hilfe von Stetigkeits- und Anordnungsaxiomen und ggfs. Verwendung des Umfangswinkelsatzes oder mit analytischen Verfahren unter Ausnutzung der Stetigkeit der Abstandsfunktion und des Zwischenwertsatzes wird verzichtet.

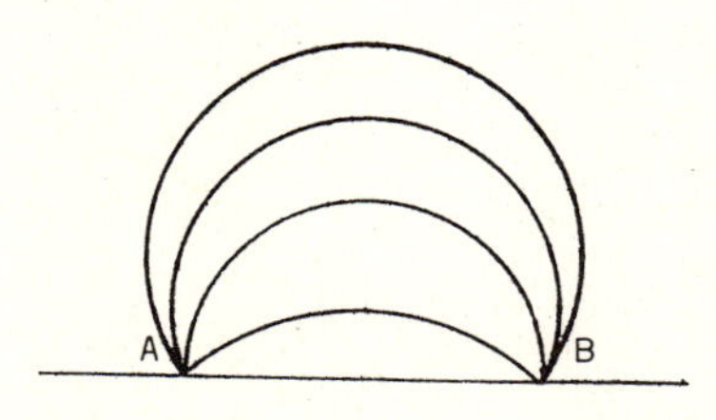

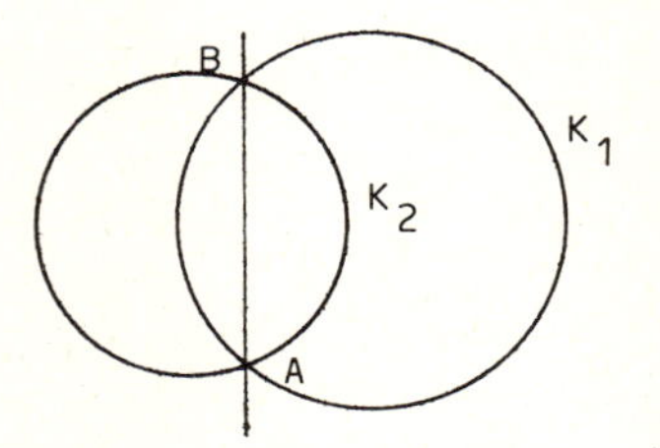

Wäre (2) falsch, müßte es zwei Kreise mit zwei gemeinsamen Punkten geben, bei denen von den zugehörigen Kreisscheiben die eine die andere ganz überdeckt. Genau wie man in (1) drei gemeinsame Punkte bei zwei verschiedenen Kreisen ausschließen kann, kann man hier die Berührung zweier verschiedener Kreise in zwei verschiedenen Punkten ausschließen.

Zu dem vorgelegten konvexen Vieleck, es sei nachfolgend stets mit V bezeichnet, wird definiert:

Ein Punktetripel (ABC) heiße ausgezeichnet, wenn A, B und C Ecken von V sind und kein Punkt von V außerhalb der durch A, B und C bestimmten Kreisscheibe liegt.

A, B, C seien Eckpunkte von V. Unter dem Überhang des Punktetripels (ABC) sei die Summe k + m verstanden, wobei k die Anzahl der Eckpunkte auf dem C nicht enthaltenden Weg auf V von A nach B, m die Anzahl der Eckpunkte auf dem A nicht enthaltenden Weg auf V von B nach C ist. Anfangs- und Endpunkt des Weges werden dabei jeweils nicht mitgezählt, so daß genau dann das Punktetripel (ABC) den Überhang 0 hat, wenn A, B und C unmittelbar in dieser Reihenfolge aufeinanderfolgende Ecken von V sind.

Im rechts skizzierten Beispiel ist V ein Vieleck mit 9 Ecken. Gemäß der Definition ergibt sich für das Punktetripel (ABC) mit k=2 und m=1 ein Überhang von 3; für das Punktetripel (BCA) beträgt der Überhang 4, für das Punktetripel (CAB) hat er den Wert 5.

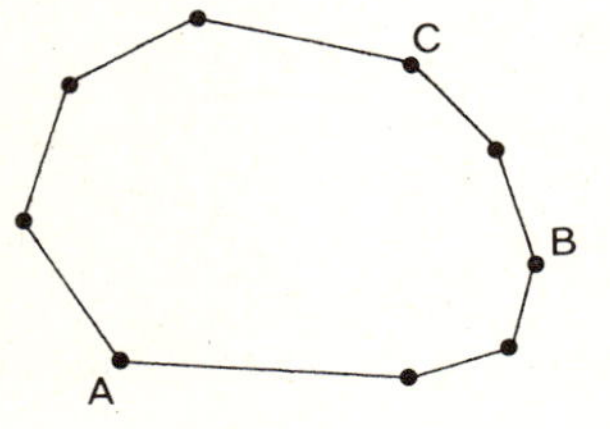

Es wird nun bewiesen:

1) Es gibt zum vorgelegten konvexen Vieleck V ein ausgezeichnetes Punktetripel.

2) Zu jedem ausgezeichneten Punktetripel mit positivem Überhang gibt es ein ausgezeichnetes Punktetripel mit kleinerem Überhang.

Da der Überhang eine nicht negative ganze Zahl ist, folgt aus 1) und 2) dann unmittelbar die Existenz eines ausgezeichneten Punktetripels mit Überhang 0.

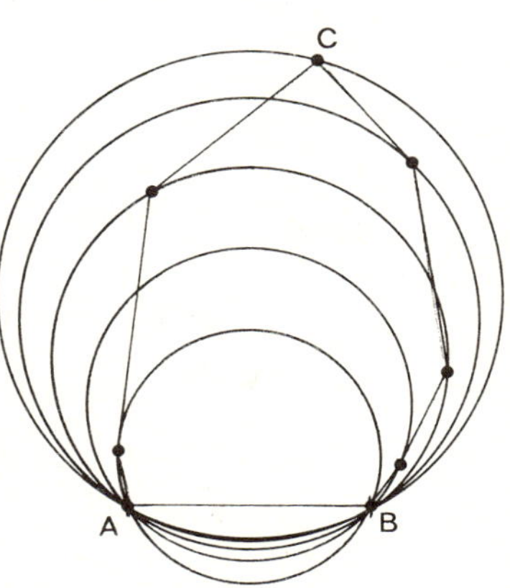

Zu 1):

Man wähle A und B als beliebige benachbarte Eckpunkte von V. Wegen der Konvexität des Vielecks liegen dann alle seine Eckpunkte auf der gleichen Seite der Geraden (AB). Man betrachte nun für alle von A und B verschiedenen Eckpunkte X von V zunächst den Kreis durch A, B, X und dann jenes Segment der durch diesen Kreis bestimmten Scheibe, das in der gleichen Halbebene von (AB) liegt wie der Punkt X.

Das maximale Segment enthält alle anderen (vgl. (1)); die zugehörige Kreisscheibe überdeckt somit das Vieleck V. Nach Konstruktion liegt auf dem Rand dieser Scheibe außer A und B mindestens ein weiterer Eckpunkt von V; ein solcher Punkt sei mit C bezeichnet. Mit (ABC) ist ein ausgezeichnetes Punktetripel gefunden.

Zu 2):

Vorgelegt sei ein ausgezeichnetes Punktetripel (ABC) mit <u>positivem</u> Überhang. Dann gibt es auf dem C nicht enthaltenden Weg (auf V) von A nach B oder aber auf dem A nicht enthaltenden Weg (auf V) von B nach C einen weiteren Eckpunkt. Wegen der Symmetrie in A und C bei der Definition von zulässigem Punktetripel und Überhang darf oBdA angenommen werden, daß ein Eckpunkt Q_1 von V auf dem C nicht enthaltenden Weg von A nach B liegt. Mit entsprechender Bezeichnung bilden dann die Ecken $A, Q_1, Q_2, \ldots, Q_k, B, R_1, R_2, \ldots, R_m, C$ mit $k \geq 1$ und $m \geq 0$ eine Folge benachbarter Ecken von V. Der Überhang des ausgezeichneten Punktetripels (ABC) beträgt $k+m$.

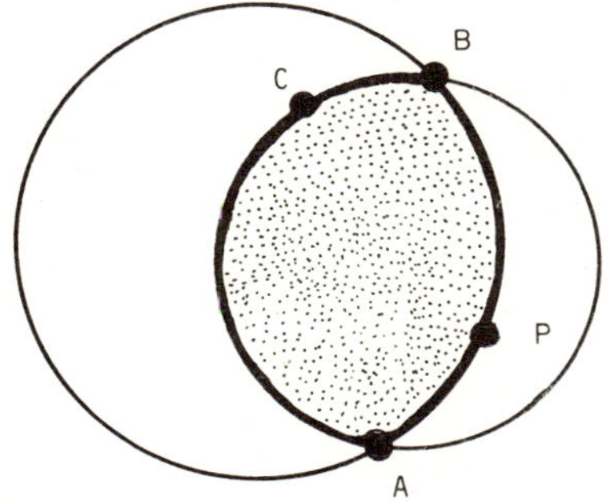

Kein Punkt von V liegt außerhalb der gerasterten Fläche.

Man betrachte nun in der C nicht enthaltenden Halbebene von (AB) die Segmente $S_1, S_2, \ldots, S_k$, deren zugehörige Kreisbögen durch A, B, Q_i $(i=1,2,\ldots,k)$ verlaufen. Mindestens einer der Punkte Q_i liegt nach Definition der Segmente auf dem Rand des maximalen Segmentes; <u>ein</u> solcher Punkt sei mit P bezeichnet. Außerhalb des Kreises durch A,B,P liegen dann keine Punkte von V, da in der C enthaltenden Halbebene von (AB) der Deckel nicht verkleinert wird und in der Halbebene von P bei der eventuellen Verkleinerung keine Ecken von V verloren werden.

(APB) ist somit ein ausgezeichnetes Punktetripel; sein Überhang beträgt k−1, ist mithin kleiner als der Überhang von (ABC). Nach den bereits angegebenen Überlegungen ist damit der geforderte Nachweis erbracht.

Lösung 2

Durch je drei Ecken des Vielecks werden Kreise gezeichnet. Da die Anzahl der Kreise endlich ist, gibt es mindestens einen Kreis mit maximalem Radius. Solche Kreise sollen im folgenden Maximalkreise heißen.

Hilfssatz:
A,B,C seien drei Ecken eines Vielecks, durch die ein Maximalkreis geht. $\sphericalangle BAC = \alpha$ sei ein spitzer Winkel. Ist A' eine weitere Vielecksecke und $\sphericalangle BA'C = \alpha'$, so gilt:

$$\alpha \leq \alpha' \leq 180° - \alpha.$$

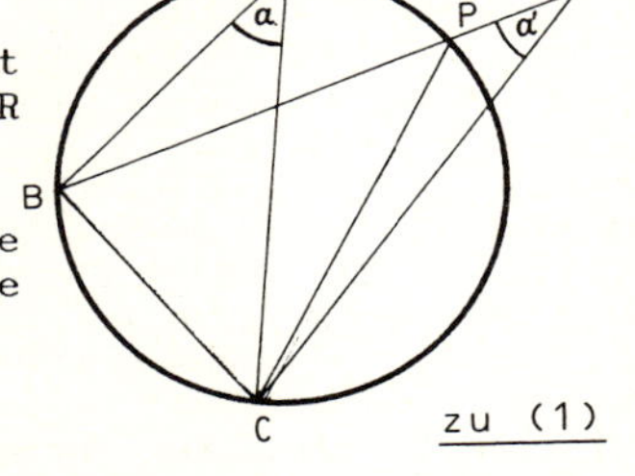

zu (1)

Beweis:
Bezeichnet a die Länge von BC, so gilt $2R = a/\sin(\alpha)$ und $2R' = a/\sin(\alpha')$, wobei R und R' die jeweiligen Umkreisradien sind.

Da R maximal ist, folgt wegen $R \geq R'$ die Ungleichung $\sin(\alpha) \leq \sin(\alpha')$ und damit die Behauptung.

Es wird nun gezeigt:

(1) Jede Kreisscheibe eines Maximalkreises überdeckt das Vieleck vollständig.

(2) Jeder Maximalkreis geht durch drei aufeinanderfolgende Ecken des Vielecks.

Zu(1): Angenommen, es gebe eine Ecke A' des Vielecks außerhalb des Maximalkreises k. Die Eckpunkte A,B,C auf dem Maximalkreis seien so bezeichnet, daß die Punkte A,B,C,A' in dieser Reihenfolge ein konvexes Viereck bilden.

Die Diagonale BA' verläuft dann innerhalb des Winkels $\sphericalangle ABC$ und schneidet den Bogen AC von k in P.

OBdA ist α ein spitzer Winkel (sonst vertausche man die Bezeichnungen von A und C). Es gilt nun, wobei bezeichnungstechnisch nicht zwischen den Winkeln und ihrer Größe unterschieden wird:

$$\begin{aligned} \alpha = \sphericalangle BAC &= \sphericalangle BPC && \text{(Umfangswinkelsatz)} \\ &= \sphericalangle BA'C + \sphericalangle PCA' && \text{(Außenwinkelsatz)} \\ &> \sphericalangle BA'C = \alpha' . \end{aligned}$$

Dies ist ein Widerspruch zum Hilfssatz.

Zu(2): A,B,C seien wie in (1) gewählt. OBdA seien α und β spitze Winkel. Es wird nun (indirekt) gezeigt: Von B über C bis A liegen alle Vielecksecken auf k.

Da keine Ecke außerhalb von k liegt, ist die Annahme der Existenz eines Punktes A' "zwischen B und C" und im Inneren von k zum Widerspruch zu führen.

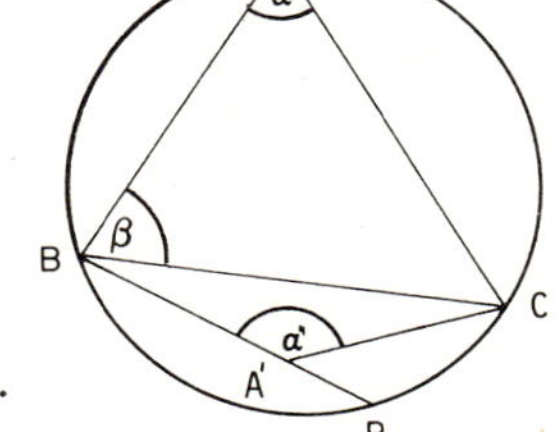

Die Gerade (BA') schneidet den Kreis k in einem Punkt, der P heiße. Es gilt nun nach Außenwinkelsatz und weil BPCA ein Sehnenviereck ist:

$$\alpha' = \sphericalangle BA'C = \sphericalangle BPC + \sphericalangle PCA' > \sphericalangle BPC = 180° - \alpha.$$

Dies ist ein Widerspruch zum Hilfssatz.

In analoger Weise zeigt man, daß jeder Punkt "zwischen" C und A auf k liegt.

Daß die Lösung der Aufgabe auch mit Hilfe vollständiger Induktion möglich ist, zeigt der nachfolgend skizzierte Beweis.

Lösung 3

Die Behauptung ist offensichtlich richtig für n=3, da man hier den Umkreis des Dreiecks wählen kann. Es darf für die Induktion vorausgesetzt werden, daß $n \geq 3$ ist und zu jedem konvexen n-Eck ein umschließender Kreis der angegebenen Art existiert.

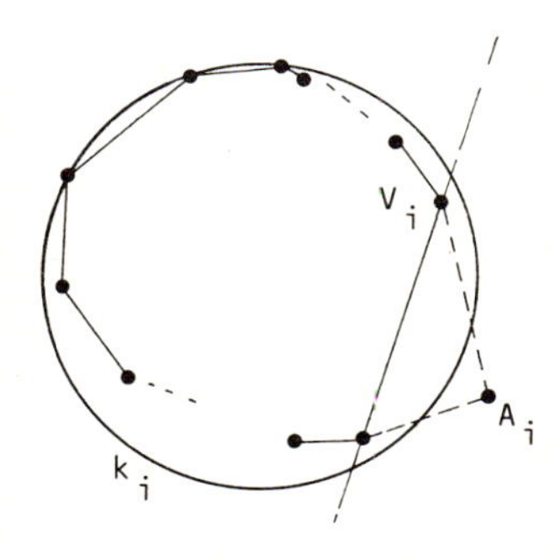

Vorgelegt sei ein konvexes (n+1)-Eck mit den Ecken $A_1, A_2, \ldots, A_{n+1}$. Es sei $I := \{1,2,3,\ldots,n+1\}$. Zu jeder Ecke A_i ($i \in I$) liefert der Schnitt durch die beiden Nachbarecken ein Dreieck, welches die Ecke A_i enthält , und ein konvexes n-Eck mit den gegebenen Ecken, jedoch ohne A_i. Das nach Abschneiden von A_i verbleibende n-Eck sei mit V_i bezeichnet; für jedes i sei k_i einer der gemäß Induktionsvoraussetzung existierenden V_i umschließenden und (mindestens) drei benachbarte Ecken von V_i enthaltenden Kreise. Der Begriff benachbarter Ecken wird nachfolgend, falls nicht ausdrücklich anders erwähnt, stets im Bezug auf das gegebene (n+1)-Eck benutzt.

Falls nun für einen Index $i \in I$ die Ecke A_i auf k_i liegt, oder falls k_i die Ecke A_i im Inneren enthält und nicht durch die beiden Nachbarecken von A_i verläuft, ist mit k_i offenbar ein umschließender Kreis der gewünschten Art gefunden. Es bleibt also lediglich noch der Fall zu untersuchen, bei dem für alle $i \in I$ gilt: (A_i liegt außerhalb von k_i) oder (k_i verläuft durch die beiden Nachbarecken von A_i und enthält A_i im Inneren).

Gibt es einen Index $i \in I$, für den die Ecke A_i im Inneren von k_i liegt, so umschließt der Kreis durch die benachbarten Ecken A, A_i, B das gesamte Vieleck (vgl. Lösung 1).

Gibt es kein solches i, so liegt für alle $i \in I$ die Ecke A_i außerhalb des zugehörigen Kreises k_i. Sind für einen derartigen Index i zwei der drei in V_i benachbarten Punkte auf k_i im $(n+1)$-Eck zu A_i benachbart, (sie mögen A, B, C heißen), so ist, ggfs. nach Bezeichnungsvertauschung innerhalb A, B, C das Viereck AA_iBC konvex. Alle Punkte des Vielecks liegen in der gleichen Halbebene von BC.

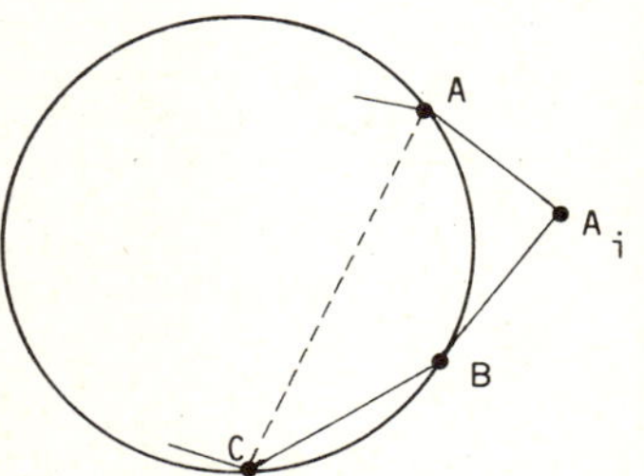

Der Kreis durch A_i, B und C umschließt dann das gesamte Vieleck – zur Begründung vgl. Segmentüberlegung aus Lösung 1.

Zu erledigen bleibt nur noch der Fall, daß für alle Indizes $i \in I$ die Ecke A_i außerhalb von k_i liegt <u>und</u> die beiden Nachbarecken von A_i nicht zu den drei in V_i benachbarten Ecken gehören, die k_i bestimmen.

Für jedes $i \in I$ ist k_i durch ein Tripel von in V_i aufeinanderfolgenden Eckpunkten bestimmt. Da nicht zwei dieser Eckpunkte zu A_i benachbart sind, müssen die drei Ecken jeweils auch im $(n+1)$-Eck benachbart sein. Jeder der $n+1$ Kreise $k_1, .., k_{n+1}$ wird von zweien der $n+1$ Seiten des $(n+1)$-Ecks bestimmt. Es gibt also mindestens zwei verschiedene Indizes $i, j \in I$, so daß die Kreise k_i bzw. k_j eine Vielecksseite AB als gemeinsame Sehne haben. Da alle Ecken des konvexen Vielecks auf der gleichen Seite von (AB) liegen, müssen sich insbesondere A_i und A_j in der gleichen Halbebene von (AB) befinden. Dann überdeckt aber mindestens eine der Kreisscheiben durch A, B und einen der Punkte A_i, A_j den anderen (vgl. Anordnungsbeziehung (1) in Lösung 1); dies steht aber im Widerspruch zum letzten diskutierten Fall, der somit nicht eintreten kann.

<u>Aufgabe 4</u>

Vorgegeben seien n^3 Einheitwürfel $(n>1)$, die von 1 bis n^3 durchnumeriert sind. Alle diese Einheitswürfel werden zu einem Würfel der Kantenlänge n zusammengesetzt. In diesem Würfel heißen zwei Einheitswürfel benachbart, wenn sie mindestens eine Ecke gemeinsam haben. Als Abstand zweier benachbarter Einheitswürfel wird der Absolutbetrag der Differenz ihrer Nummern definiert.

Man denke sich für jede mögliche Zusammensetzung des großen Würfels den größten auftretenden Abstand benachbarter Einheitswürfel auf eine Tafel geschrieben. Was ist die kleinste Zahl, die auf dieser Tafel notiert wird ? (Beweis !)

Erläuterung: Ein <u>Einheitswürfel</u> ist ein Würfel mit der Kantenlänge 1.

Lösung

Die zu bestimmende kleinste Zahl auf der Tafel sei mit k bezeichnet. Es wird bewiesen

a) $k \geq n^2 + n + 1$

und b) $k \leq n^2 + n + 1$.

Aus a) und b) ergibt sich dann $k = n^2 + n + 1$.

Zu a)

Man führt ein räumliches Koordinatensystem derart ein, daß die Achsen parallel zu den Würfelkanten verlaufen und bei (0,0,0) und (n−1,n−1,n−1) die Mittelpunkte zweier raumdiagonal gegenüberliegender Eckwürfel des großen Würfels liegen.

Nach dieser Festlegung wird nicht mehr zwischen einem Würfel und dem Koordinatentripel seines Mittelpunktes unterschieden. Man definiert eine Funktion d, indem man für je zwei Würfel W_1 und W_2 (mit $W_1=(x_1,y_1,z_1)$, $W_2=(x_2,y_2,z_2)$) setzt:

$$d(W_1,W_2) := \max\{|x_1-x_2|, |y_1-y_2|, |z_1-z_2|\} .$$

W_1 und W_2 sind offenbar genau dann benachbart bzw. identisch, wenn gilt $d(W_1,W_2) = 1$ bzw. $d(W_1,W_2) = 0$.

Es sei nun A der Würfel mit der Nummer 1, B der Würfel mit der Nummer n^3, $B = (b_x,b_y,b_z)$. Man definiert rekursiv eine Folge $W_0,W_1,W_2,\ldots,W_{n-1}$ von Einheitswürfeln durch

$$W_0 := A \quad \text{und} \quad \begin{aligned} x_i &:= x_{i-1} + \operatorname{sgn}(b_x-x_{i-1}) \\ y_i &:= y_{i-1} + \operatorname{sgn}(b_y-y_{i-1}) \\ z_i &:= z_{i-1} + \operatorname{sgn}(b_z-z_{i-1}) \end{aligned} \quad \text{für } i\in\{1,2,..,n-1\} .$$

Dabei ist die sgn-Funktion (bekanntlich) so erklärt, daß sie für negative reelle Zahlen bzw. 0 bzw. positive reelle Zahlen den Wert −1 bzw. 0 bzw. 1 annimmt.

Da beim Übergang von W_{i-1} zu W_i keine Koordinate um mehr als 1 verändert wird, sind die Würfel W_{i-1} und W_i $(i=1,2,3,\ldots,n-1)$ benachbart oder gleich. Für alle $i\in\{0,1,2,\ldots,n-1\}$ gilt dann $d(W_i,B) < n-i$, wie sich unmittelbar durch Induktion über i ergibt. Speziell hat man $d(W_{n-1},B) = 0$, also $W_{n-1} = B$.

Die Nummer von Würfel W_i $(i=0,1,2,\ldots,n-1)$ sei mit w_i bezeichnet. Dann ist $w_0=1$ und $w_{n-1}=n^3$ und man hat

$$\begin{aligned}(n-1)\cdot\max|w_i-w_{i-1}| & \\ &\geq |w_{n-1}-w_{n-2}| + |w_{n-2}-w_{n-3}| + \ldots + |w_1-w_0| \\ &\geq |(w_{n-1}-w_{n-2}) + (w_{n-2}-w_{n-3}) + \ldots + (w_1-w_0)| \\ &= |w_{n-1} - w_0| = n^3 - 1 = (n-1)(n^2+n+1)\end{aligned}$$

Somit folgt: $\max |w_i - w_{i-1}| \geq n^2 + n + 1$.

Es gibt also mindestens zwei benachbarte Würfel, deren Abstand größer als n^2+n ist. Da eine beliebige Anordnung zugrundelag, folgt, wie unter a) behauptet:

$$k \geq n^2 + n + 1 \quad .$$

Zu b)

Man weist dem Würfel mit der Nummer N ($1 \leq N \leq n^3$) auf folgende Weise seinen Platz zu: N-1 hat im Stellenwertsystem mit der Basis n eine eine eindeutig bestimmte Darstellung $(x,y,z)_n$. (Die Darstellung bedeutet : $N-1=xn^2+yn+z$ mit $0 \leq x,y,z \leq n-1$). Man setzt W = (x,y,z); dabei führen verschiedene Nummern N zu verschiedenen Darstellungen und umgekehrt, und benachbarte Würfel unterscheiden sich in allen drei Koordinaten höchstens um 1. Ist der eine der Würfel etwa (x,y,z), läßt sich der andere in der Form (x+e,y+f,z+g) mit $e,f,g \in \{-1,0,1\}$ beschreiben. Für ihren Abstand ergibt sich daher

$$| en^2 + fn + g | \leq |en^2| + |fn| + |g|$$
$$\leq n^2 + n + 1 \; .$$

Man erhält daher $k \leq n^2 + n + 1$, womit b) gezeigt ist.

Die kleinste auf der Tafel notierte Zahl ist mithin $n^2 + n + 1$.

Ergänzung zu a) und b)

Der anschauliche und übersichtliche Sachverhalt läßt weniger formale und damit besser lesbare Darstellungen zu. So kann als offensichtlich hingenommen werden, daß beim Übergang zu einem benachbarten Würfel alle drei Koordinaten höchstens um 1 verändert werden; ein solcher Übergang sei als Schritt bezeichnet. Von jedem beliebigen Würfel gelangt man zu jedem anderen durch höchstens n-1 Schritte. Mit i Schritten erreicht man, ausgehend vom Würfel der Nummer 1, höchstens Würfel mit Nummern $\leq 1+ik$. Da man zum Würfel mit der Nummer n^3 mit höchstens n-1 Schritten kommt, folgt

$$1 + (n-1)k \geq n^3, \quad \text{also} \quad k \geq n^2 + n + 1.$$

Damit ergibt sich die Behauptung a) .

Bei b) kann man "scheibenweise" die entsprechende Füllung des großen Würfels beschreiben: Man füllt eine unterste Scheibe des großen Würfels nach dem folgenden Schema, in dem statt der Würfel ihre Nummern angeschrieben sind:

$$\begin{array}{cccc} 1 & 2 & \dots & n \\ n+1 & n+2 & \dots & 2n \\ . & . & \dots & . \\ . & . & \dots & . \\ (n-1)n+1 & . & \dots & n^2 \end{array}$$

Die zweitunterste Scheibe füllt man entsprechend mit $n^2+1,\dots,2n^2$ usw bis zur obersten Scheibe, die entsprechend mit $(n-1)n^2+1,\dots,n^3$ ausgefüllt wird. Dann ist der Abstand benachbarter Würfel höchstens $1n^2+1n+1$; somit ist $k \leq n^2+n+1$.

Lösungen 1987 2. Runde

Aufgabe 1

Man bestimme alle Tripel (x,y,z) ganzer Zahlen, für die gilt:

$$2^x + 3^y = z^2 .$$

Ergebnis: Die gesuchten Lösungstripel sind

(0,1,2), (3,0,3), (4,2,5), (0,1,-2), (3,0,-3), (4,2,-5).

Vorbemerkungen

Da die linke Seite der Gleichung

$$(*) \qquad 2^x + 3^y = z^2$$

als Summe zweier positiver Zahlen stets positiv ist, kann es kein Lösungstripel der Form (x,y,0) geben. Wegen $z^2=(-z)^2$ ist mit jeder Lösung (x,y,z) auch (x,y,-z) eine Lösung von (*).

Wäre genau eine der Zahlen x, y negativ, so läge 2^x+3^y zwischen den aufeinanderfolgenden natürlichen Zahlen 3^y und 3^y+1 bzw. 2^x und 2^x+1. Hätten sowohl x als auch y negative Werte, so hätte man $0 < 2^x+3^y \leq 1/2 + 1/3 < 1$. In der Gleichung (*) tritt also links höchstens dann eine ganze Zahl auf, wenn weder x noch y negativ sind. Wegen $z^2 \in \mathbb{N}$ ist dies eine notwendige Bedingung für Lösungen von (*).

Zum Nachweis der Richtigkeit des oben angegebenen Ergebnisses ist also zu zeigen, daß die Gesamtheit der Lösungen von (*) mit $x,y \in \mathbb{N}_0$ und $z \in \mathbb{N}$ die Menge {(0,1,2), (3,0,3), (4,2,5)} ist. Dabei wird die Bereichseinschränkung für x,y,z in der gesamten weiteren Bearbeitung ohne erneute Begründung vorgenommen. Zu beweisen ist:

(1) Im Falle xy=0 sind (0,1,2) und (3,0,3) die einzigen Lösungstripel zu (*).

(2) Im Falle xy>0 ist (4,2,5) die einzige Lösung von (*) .

Schließlich reicht es zum Beweis, andere als die oben genannten Lösungen auszuschließen, da sich die Richtigkeit der Gleichungen $2^0+3^1=2^2$, $2^3+3^0=3^2$ und $2^4+3^2=5^2$ sofort bestätigen läßt.

Beweis zu (1)

Wegen xy=0 hat man die spezielle Gleichung

$$1 + k^w = z^2$$

mit $(k,w) \in \{ (2,x), (3,y) \}$ zu lösen.

Durch Umformung dieser Gleichung erhält man $k^w = (z-1)(z+1)$. Da k eine Primzahl ist, muß sich w als Summe r+s ($r,s \in \mathbb{N}_0$, $r<s$) darstellen lassen mit

$$z - 1 = k^r \quad \text{und} \quad z + 1 = k^s .$$

Subtraktion dieser beiden Gleichungen liefert $k^s - k^r = 2$, also

$$k^r(k^{s-r} - 1) = 2 .$$

Die beiden einzig möglichen geordneten Zerlegungen von 2 in zwei Faktoren, nämlich $1 \cdot 2$ und $2 \cdot 1$, liefern

$$k^r = 1 \text{ und } k^{s-r} = 3 \quad \text{bzw.} \quad k^r = 2 \text{ und } k^{s-r} = 2.$$

Im linken Fall ergibt sich r=0, s=1, k=3, während man für den rechts angegebenen Fall erhält r=1, s=2, k=2.

Aus r=0, s=1, k=3 ergibt sich für (*) die Lösung (0,1,2), für r=1, s=2, k=2 erhält man für (*) die Lösung (3,0,3).

Damit ist (1) bewiesen.

In beiden nachfolgenden Beweisen zu (2) wird benutzt, daß x und y für ein Lösungstripel (x,y,z) von (*) notwendig gerade sind. Der Nachweis wird daher vorausgeschickt.

Stellt man x und y mit Hilfe ihrer Zweierreste dar,

$$x = 2p + t, \; y = 2q + u \quad (p,q \in \mathbb{N}_0;\; t,u \in \{0,1\}),$$

so ergibt sich für (*) die Form

$$2^{2p+t} + 3^{2q+u} = z^2 \quad ,$$

also $$2^t 4^p + 3^u 9^q = z^2 .$$

Die linke Seite der letzten Gleichung hat für t=1 den Dreierrest 2, für t=0 (also $p \geq 1$) und u=1 beträgt der Viererrest 3. Da sich die Quadratzahl z^2 ergeben soll und sowohl Dreier- als auch Viererrest einer Quadratzahl bekanntlich nur 0 oder 1 sein können, kann weder t=1 noch u=1 gelten.

Beide Exponenten x, y müssen also gerade sein.

Beweis 1 zu (2)

Ausgehend von der Gleichung

$$(+) \quad 2^{2p} + 3^{2q} = z^2 \qquad (p,\ q \in \mathbb{N})$$

erhält man $3^{2q} = (z-2^p)(z+2^p)$.

Da links eine Potenz der Primzahl 3 steht, kommen als Faktoren rechts nur Dreierpotenzen bzw. die Zahl 1 in Frage. Die Differenz zweier verschiedener Dreierpotenzen ist ein Vielfaches der kleineren Dreierpotenz. Da sich rechts als Differenz der Faktoren 2^{p+1} ergibt, kann der kleinere Faktor keine Dreierpotenz und muß mithin 1 sein.

Man erhält also $z-2^p=1$; Auflösen nach z und Einsetzen in (+) liefert

$$2^{2p} = (1+2^p-3^q)(1+2^p+3^q) .$$

Der erste Faktor rechts ist gerade, beide Faktoren rechts müssen Zweierpotenzen sein, wobei analog zur obigen Überlegung der kleinere ein Teiler der Differenz $2 \cdot 3^q$ sein muß, also 2 ist. Es folgt

$$1+2^p-3^q = 2, \quad \text{also} \quad 2^p = 1 + 3^q .$$

Da $1+3^q$ den Dreierrest 1 läßt, muß p gerade sein, hat also die Form p=2b. (Wäre p ungerade, also von der Form 2b+1 hätte 2^p die Form $2 \cdot 4^b$, also den Dreierrest 2). Es ergibt sich weiter

$$3^q = (2^b-1)(2^b+1).$$

Beide Faktoren müssen Teiler von 3^q sein. Da die Differenz der Teiler 2 beträgt, müssen die Faktoren 1 und 3 sein. Damit ergibt sich b=1, also p=2 und somit q=1. Als einzige Möglichkeit für eine Lösung (x,y,z) von (*) erhält man somit (4,2,5); dies war zu zeigen.

Beweis 2 zu (2)

Wir gehen wieder aus von der Gleichung

$$(+) \quad 2^{2p} + 3^{2q} = z^2 \qquad \text{mit } p,q,z \in \mathbb{N} .$$

Für jede Lösung (p,q,z) ist $(2^p, 3^q, z)$ ein teilerfremdes pythagoreisches Tripel. Es gibt also zwei teilerfremde Zahlen u,v derart, daß

$$2^p = 2uv, \quad 3^q = u^2-v^2, \quad z = u^2+v^2 .$$

Nach der ersten dieser Gleichungen können u und v keine anderen Primteiler als 2 enthalten; da sie zueinander teilerfremd sind, muß die kleinere den Wert 1 haben. Es ergibt sich

$$u = 2^{p-1}, \quad v = 1 .$$

Hieraus erhält man durch Einsetzen in die zweite Gleichung

$$2^{2p-2} = 3^q + 1 .$$

Als Achterreste der rechten Seite sind nur 2 (bei geradem q) und 4 (bei ungeradem q) möglich. Für $p>2$ steht links ein Vielfaches von 8; somit muß $p=1$ oder $p=2$ gelten.

Der Fall $p=1$ zieht nach sich $3^q=0$, kann also nicht eintreten. Die einzige zum Schluß noch verbleibende Möglichkeit $p=2$ führt zur Gleichung $4 = 1 + 3^q$, also zu $q = 1$. Mit $p=2$, $q=1$ ergibt sich für (x,y,z) das Tripel $(4,2,5)$.

Da alle weiteren Fälle ausgeschlossen werden konnten, ist damit Beweis 2 erbracht.

Bemerkung

Durch Rechnen in Restklassenringen (und Ausnutzen der Ringstruktur) lassen sich an einigen Stellen der Lösung zu Aufgabe 1 erhebliche Verkürzungen in Notation und Argumentation erzielen.

Aufgabe 2

Jede Kante eines konvexen Vielflachs ist mit einer Richtung versehen und darf nur in dieser Richtung durchlaufen werden. Dabei gibt es zu jeder Ecke mindestens eine Kante, die zu ihr hinführt, und mindestens eine Kante, die von ihr wegführt.

Man zeige, daß dann das Vielflach mindestens zwei Seitenflächen hat, die jeweils auf ihrem Rand umlaufen werden können.

Lösung 1

Sind a, b Kanten des Vielflachs, so bezeichne man die Menge $\{a,b\}$ genau dann als Haken, wenn es eine Seitenfläche des Vielflachs gibt, zu deren Kanten a und b gehören, und wenn a und b aneinanderstoßen. Dabei heiße der Haken $\{a,b\}$ passierbar, wenn im Sinne der vorgegebenen Orientierung beide Kanten unmittelbar hintereinander durchlaufen werden können. Offensichtlich kann der gleiche Haken nicht zu verschiedenen Ebenen, also auch nicht zu verschiedenen Seitenflächen des Vielflachs gehören.

Es sei h die Anzahl der Haken, k die Anzahl der Kanten des Vielflachs. Man zähle die Menge aller Paare (x,y), wobei x ein Haken und y eine an diesem Haken beteiligte Kante ist. Als Anzahl erhält man einerseits $2h$, da zu jedem Haken genau zwei Kanten gehören, andererseits $4k$, da jede Kante an genau vier Haken beteiligt ist. Aus der Gleichung $2h = 4k$ ergibt sich

$$(1) \quad h = 2k .$$

Umläuft man, beginnend auf einer Kante, eine Ecke über die angrenzenden Flächen, so trifft man nach den Voraussetzungen auf mindestens eine zu dieser Ecke hin und mindestens eine von dieser Ecke weg orientierte Kante. Von den Haken auf dem "Weg" zur Startkante sind daher mindestens zwei passierbar. Wird die Eckenzahl mit e bezeichnet, so hat man daher mindestens 2e passierbare Haken. Ist h_+ die Anzahl der passierbaren, h_- die Anzahl der nicht passierbaren Haken, ergibt sich daher

(2) $h_+ \geq 2e$.

Zu (2)

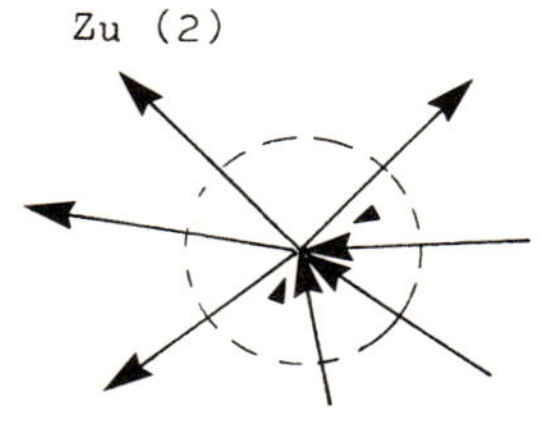

Bei jeder Ecke gibt es mindestens zwei passierbare Haken

Zu (3)

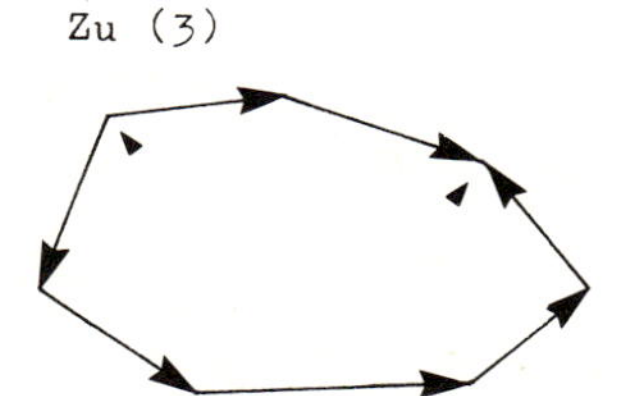

Bei jeder nicht umlaufbaren Fläche gibt es mindestens zwei nicht passierbare Haken

Wenn eine Seitenfläche des Vielflachs nicht (im Sinne der Kantenorientierung) umlaufbar ist, gibt es auf dem die Fläche umrandenden Kantenzug mindestens zwei Richtungswechsel, zu der Fläche gehören also mindestens zwei nicht passierbare Haken. Ist f die Anzahl der Seitenflächen des Vielflachs, f_+ dabei die Anzahl der umlaufbaren, f_- die Anzahl der nicht umlaufbaren Flächen, so folgt

(3) $h_- \geq 2f_-$.

Unter Verwendung des Eulerschen Polyedersatzes

(4) $f = 2 + k - e$

kann man nun abschätzen:

$$
\begin{aligned}
2f_+ &= 2f - 2f_- \\
&= 4 + 2k - 2e - 2f_- && \text{(nach (4))} \\
&= 4 + h - 2e - 2f_- && \text{(nach (1))} \\
&\geq 4 + h - h_+ - 2f_- && \text{(nach (2))} \\
&= 4 + h_- - 2f_- \\
&\geq 4 && \text{(nach (3))} .
\end{aligned}
$$

Somit folgt $f_+ \geq 2$; das Vielflach hat also mindestens zwei Seitenflächen, die im Sinne der Kantenorientierung umlaufen werden können.

Lösung 2

Da von jeder Ecke des Vielflachs mindestens eine Kante wegführt, also keine "Sackgassen" existieren, kann man nach einem Start bei einer beliebigen Ecke eine beliebig lange Kette von aneinandergereihten Kanten durchlaufen. Wegen der endlichen Anzahl aller Ecken trifft man hierbei ingendwann zum ersten Mal auf eine bereits durchlaufene Ecke E; dies muß nicht die Ausgangsecke sein.

Es gibt somit einen geschlossenen, doppelpunktfreien Kantenzug k (von E zu E), der in einer Richtung durchlaufen werden kann. Durch diesen einfach-geschlossenen Weg wird die Oberfläche des Vielflachs in zwei Gebiete G und H zerlegt, wobei der zerlegende Kantenzug beiden Gebieten zugerechnet wird.

Es genügt nun, die Existenz einer Fläche mit umlaufbarem Rand im Gebiet G nachzuweisen. Aus Symmetriegründen folgt daraus dann die Existenz einer zweiten auf dem Rand umlaufbaren Fläche in H.

Die Anzahl der zu G gehörenden Flächen sei mit f(G) bezeichnet.

a) Gilt f(G)=1, ist man bereits fertig, da der Rand von G durchlaufbar ist.

b) Enthält G mehr als eine Fläche, gibt es mindestens eine Kante K in G, die nicht auf dem umrandenden Kantenzug k liegt, aber mit k eine Ecke gemeinsam hat. Man darf annehmen, daß diese Kante K von einer Ecke P von k aus ins Innere von G führt (und nicht umgekehrt), andernfalls ändere man vorübergehend die Orientierung sämtlicher Kanten des Vielflachs. Dies ist bei der Lösung zulässig, da die Menge der auf dem Rand umlaufbaren Flächen bei Umkehrung der Durchlaufrichtung sämtlicher Kanten unverändert bleibt.

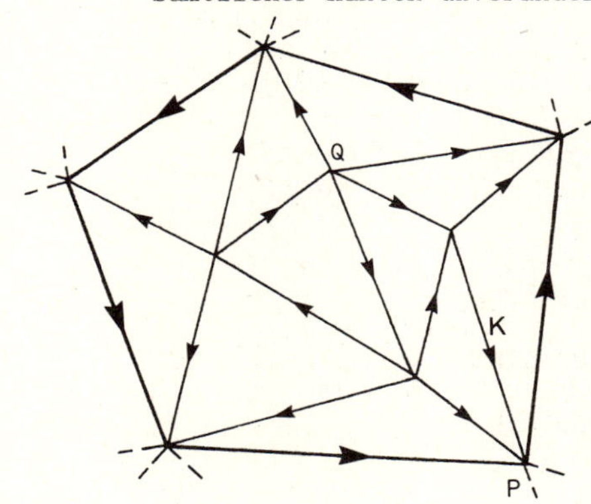

Startend bei P durchlaufe man nun mit K beginnend so lange eine Kette von Kanten, bis man erstmals auf eine bereits passierte oder zu k gehörende Ecke Q stößt.

Damit gewinnt man einen von Q zu Q führenden doppelpunktfreien, geschlossenen Kantenzug k', der die Oberfläche des Vielflachs in zwei Gebiete G' und H' zerlegt, von denen eines, es sei G', ganz in G liegt.

Eine der beiden an K angrenzenden Flächen gehört nicht zu G'; es gilt also $f(G') < f(G)$.

Da sich das beschriebende Verfahren im Falle $f(G') > 1$ iterieren läßt, – G' rückt in der Überlegung dann an die Stelle von G – andererseits nach endlich vielen Wiederholungen wegen der Endlichkeit der Flächenanzahl des Vielflachs abbrechen muß, gelangt man schließlich zu einem Gebiet, das aus nur einer Fläche besteht und auf dem Rand umlaufen werden kann.

Aufgabe 3

Gegeben sind zwei Folgen natürlicher Zahlen $(a_1, a_2, a_3, \ldots)$ und $(b_1, b_2, b_3, \ldots)$ mit

$$a_{n+1} = n \cdot a_n + 1 \quad \text{und} \quad b_{n+1} = n \cdot b_n - 1$$

für jedes $n \in \{1, 2, 3, \ldots\}$.

Man zeige, daß es höchstens endlich viele Zahlen gibt, die beiden Folgen angehören.

Lösung

Zunächst wird (rekursiv) eine Folge (s_n) definiert, die dann zur Darstellung von a_n und b_n verwendet wird:

$$s_1 := 1 \quad \text{und} \quad s_{n+1} := s_n + \frac{1}{(n+1)!} \quad \text{für } n \in \mathbb{N} .$$

Die Folge (s_n) wächst offenbar streng monoton; für jedes $n \in \mathbb{N}$ gilt

$$(1) \quad 1 \leq s_n < 1{,}75 .$$

Hierbei ergibt sich die linke Ungleichung aus dem monotonen Wachsen der Folge und der Definition des Startwertes. Zum Nachweis der rechten Abschätzung verwenden wir die für $n \geq 2$ induktiv unmittelbar einzusehende Ungleichung $2 \cdot 3^{n-2} \leq n!$:

Summiert man rechtes und linkes Ende der für $i \geq 2$ gültigen Ungleichungskette

$$s_i - s_{i-1} = \frac{1}{i!} \leq \frac{1}{2 \cdot 3^{i-2}}$$

über der Indexmenge $\{2,3,4,\ldots,n\}$, so erhält man unter Benutzung der Formel für die Partialsummen einer geometrischen Reihe

$$s_n - s_1 \leq \sum_{i=2}^{n} \frac{1}{2 \cdot 3^{i-2}} ,$$

$$s_n \leq \frac{1}{2} \sum_{i=0}^{n-2} \frac{1}{3^i} + s_1 ,$$

$$s_n \leq (1/2) \cdot (1-(1/3)^{n-1}) \cdot 3/2 + 1 ,$$

also $$s_n < 1{,}75 .$$

Damit ist (1) gezeigt.

Die Folgenglieder a_n, b_n lassen sich nun für $n \geq 2$ auf die folgende Weise darstellen

(2a) $a_n = (n-1)! \cdot (a_1 + s_{n-1})$,

(2b) $b_n = (n-1)! \cdot (b_1 - s_{n-1})$.

Beweis zu (2a):

Für n=2 hat man die richtige Aussage $a_2 = 1 \cdot (a_1+1)$.

Schluß von n auf n+1:

$$\begin{aligned} a_{n+1} &= n \cdot a_n + 1 \\ &= n \cdot (n-1)! \cdot (a_1+s_{n-1}) + 1 \\ &= n! \cdot (a_1+s_{n-1}) + 1 \\ &= n! \cdot (a_1+s_{n-1} + 1/n!) \\ &= n! \cdot (a_1+s_n) . \end{aligned}$$

Der Beweis zu (2b) verläuft analog; man ersetze überall 'a' durch 'b' und '+' durch '-' .

Die Folge (s_n) nimmt monoton zu und ist beschränkt, mithin konvergent gegen ihr Supremum s. Wegen (1) ist der (positive) Grenzwert s kleiner als 2.

Es darf vorausgesetzt werden, daß $b_1 > 1$ gilt, da b_1 und b_2 natürliche Zahlen sind und sich aus $b_1=1$ im Widerspruch dazu $b_2=0$ ergibt. Also ist $b_1 \geq 2$ und $b_1-s \geq 0$.

Gäbe es nun unendlich viele Zahlen, die beiden Folgen (a_n), (b_n) angehören, so gäbe es beliebig große natürliche Zahlen m,n mit $a_n = b_m$. Nachfolgend wird diese Annahme zum Widerspruch geführt.

Hierzu betrachte man ein Paar m,n natürlicher Zahlen mit

[0] $a_n = b_m$,

[1] $m > 1 + \frac{a_1+s}{b_1-s}$ $(b_1-s > 0 \;!)$

und [2] $n > 1 + \frac{b_1}{a_1}$.

Insbesondere gilt also $m \geq 2$ und $n \geq 2$.

Aus [1] folgt, da s obere Schranke zu (s_n) ist,

$$m - 1 > \frac{a_1+s}{b_1-s} > \frac{a_1+s_{n-1}}{b_1-s_{m-1}}.$$

Wegen $b_1-s_{m-1} > 0$ ergibt sich weiter

$$(m-1)\cdot(b_1-s_{m-1}) > a_1+s_{n-1} \quad ,$$

$$(m-1)!\cdot(b_1-s_{m-1}) > (m-2)!\cdot(a_1+s_{n-1}) \quad ,$$

$$b_m > (m-2)!\cdot(a_1+s_{n-1}) \quad .$$

Nach [0] und (2a) hat man daher

$$(n-1)!\cdot(a_1+s_{n-1}) > (m-2)!\cdot(a_1+s_{n-1})$$

und somit $n-1>m-2$, also

$$(\alpha) \quad n + 1 > m \ .$$

Aus [2] folgt

$$n - 1 > \frac{b_1}{a_1} > \frac{b_1-s_{m-1}}{a_1+s_{n-1}} \ .$$

Damit ergibt sich nacheinander

$$(n-1)\cdot(a_1+s_{n-1}) > b_1-s_{m-1} \quad ,$$

$$(n-1)!\cdot(a_1+s_{n-1}) > (n-2)!\cdot(b_1-s_{m-1}) \quad ,$$

$$a_n > (n-2)!\cdot(b_1-s_{m-1}) \quad ,$$

$$(m-1)!\cdot(b_1-s_{m-1}) > (n-2)!\cdot(b_1-s_{m-1}) \quad .$$

Es ist also $m-1 > n-2$, und somit

$$(\beta) \quad m+1 > n \ .$$

Mit (α) und (β) hat man $m+2 > n+1 > m$; wegen $m,n \in \mathbb{N}$ folgt somit die Gleichheit von m und n. Hiermit ergibt sich nun weiter

$$a_n - b_n = 0,$$

also nach (2a), (2b) $\quad (n-1)!\cdot(a_1-b_1+2s_{n-1}) = 0,$

und mithin $\quad 2s_{n-1} = b_1-a_1 .$

Wegen der strengen Monotonie von (s_n) kann die letzte Gleichung nur für höchstens einen Index n richtig sein.

Es gibt also nicht unendlich viele Zahlen, die sowohl bei (a_n) als auch bei (b_n) als Folgenglieder vorkommen.

Lösungsvariante

Die Definition der Folge (s_n) sei gemäß der obigen Lösung vorgenommen.

Die Folgen (a_n) und (b_n) nehmen schließlich streng monoton zu. Dies ist für (a_n) wegen $a_1>0$ und $a_{n+1}=n!\cdot(a_1+s_n)$ unmittelbar zu sehen. Aus $b_2\geq 1$ und $b_{n+1}-b_n=(n-1)b_n-1$ ergibt sich für $n\geq 3$ durch vollständige Induktion, daß $b_{n+1}-b_n$ positiv ist, also auch (b_n) schließlich streng monoton zunimmt.

Es wird nun gezeigt:

[3a] Ist $a_3\geq b_3$, so folgt $a_{n+1}>b_{n+1}$ für alle $n\geq 3$.

[3b] Ist $a_3<b_3$, so folgt $a_{n+1}<b_{n+1}$ für alle $n\geq 3$.

[4] Für fast alle Indizes n gilt $b_n < a_n < b_{n+1}$.

Damit folgt, daß es höchstens endlich viele Paare m,n mit $a_m=b_n$ gibt. Dies ist schärfer als in der Aufgabenstellung behauptet und im Lösungsbeispiel nachgewiesen, denn der Fall, daß z.B. für ein gewisses $k\in\mathbb{N}$ und für unendlich viele Indizes n die Folgenglieder b_n den Wert a_k annehmen, wird dort nicht ausgeschlossen.

Die Beweise zu [3a] , [3b] ergeben sich durch vollständige Induktion; nachfolgend wird jeweils der Schluß von n auf n+1 skizziert:

Zu [3a]: $a_{n+1} = n\cdot a_n + 1 \geq n\cdot b_n + 1 > n\cdot b_n - 1 = b_{n+1}$.

Zu [3b]: $a_{n+1} = n\cdot a_n+1 \leq n(b_n-1)+1 = n\cdot b_n+1-n < n\cdot b_n-1 = b_{n+1}$.

Zum Nachweis von [4] definiere man zunächst die Folge (q_n) durch

$$q_n := \frac{a_n}{b_n} \quad \text{für alle } n\in\mathbb{N}\text{ , also ist } q_n = \frac{a_1+s_{n-1}}{b_1-s_{n-1}} \quad \text{für } n\geq 2 \text{ .}$$

Aus der (im Lösungsbeispiel gezeigten) Konvergenz von (s_n) gegen einen Grenzwert s zwischen 1 und 2 ergibt sich die Konvergenz der Folge (q_n) gegen einen positiven Grenzwert. Damit sind die Folgen $(n\cdot q_n - 1)$ und $(n - q_n)$ bestimmt divergent gegen unendlich.

Die Umformungen

$$a_n-b_{n-1} = n\cdot a_{n-1}+1-b_{n-1} = n\cdot b_{n-1}\cdot q_{n-1}+1-b_{n-1} = b_{n-1}(n\cdot q_{n-1}-1)+1$$

und

$$b_{n+1}-a_n = n\cdot b_n-1-a_n = n\cdot b_n-1-b_n\cdot q_n = b_n\cdot(n-q_n)-1$$

zeigen, daß auch die Folgen (a_n-b_{n-1}) und $(b_{n+1}-a_n)$ bestimmt divergent gegen unendlich sind, insbesondere also höchstens endlich oft nicht-positive Werte annehmen.

Damit ist [4] gezeigt, was den Beweis abschließt.

Bemerkungen und Ergänzungen

1. Nach Definition der Folge (s_n) gilt $s_1=1$, und für $i \in \mathbb{N}$

$$s_{i+1} - s_i = \frac{1}{(i+1)!} ,$$

woraus man durch Summation über der Indexmenge $\{1,2,3,\ldots,n\}$ erhält

$$s_{n+1} = \sum_{i=1}^{n} \frac{1}{(i+1)!} + 1 .$$

Der Grenzwert der Folge (s_n) ist somit, wie aus der Analysis bekannt, e−1; insbesondere hat man wieder das Resultat (1) .

2. Die Lösungen zeigen, daß die Voraussetzung, daß die Glieder der Folgen (a_n) und (b_n) natürliche Zahlen sind, durch die schwächeren Forderungen $a_1>0$ und $b_1\geq 2$ ersetzt werden können.

Aufgabe 4

Es seien k und n natürliche Zahlen mit $1 < k \leq n$; $x_1, x_2, x_3, \ldots, x_k$ seien k positive Zahlen, deren Summe gleich ihrem Produkt ist.

a) Man zeige: $x_1^{n-1} + x_2^{n-1} + \ldots + x_k^{n-1} \geq kn$.

b) Welche zusätzlichen Bedingungen für k, n und $x_1, x_2, \ldots, x_k$ sind notwendig und hinreichend dafür, daß

$$x_1^{n-1} + x_2^{n-1} + \ldots + x_k^{n-1} = kn \qquad \text{gilt ?}$$

Lösung 1

Es wird zunächst eine Ungleichung bereitgestellt:

(1) Sind k und n natürliche Zahlen mit $n > k > 1$,

so gilt $n^{1/(n-1)} < k^{1/(k-1)}$.

Äquivalent zu (1) ist, daß, wie nachfolgend bewiesen wird, die Folge $((1+k)^{1/k})$ streng monoton abnimmt. In der folgenden Gleichungs/Ungleichungskette wird zur Abschätzung die Bernoullische Ungleichung verwendet.

$$(1 + \frac{1}{k})^k = (\frac{1+k}{k})^k = (\frac{k}{1+k})^{-k} = (1 - \frac{1}{1+k})^{-k} < (1 - \frac{k}{1+k})^{-1} = 1+k$$

Aus $(1+\frac{1}{k})^k < 1+k$ erhält man durch schrittweise Umformungen

$$(1+k)^k < (1+k)\cdot k^k \quad ,$$

$$(1+k)^{k-1} < k^k \quad ,$$

$$(1+k)^{1/k} < k^{1/(k-1)} \quad ,$$

womit (1) gezeigt ist.

Weiter wird noch die (bekannte) Ungleichung zwischen arithmetischem und geometrischem Mittel verwendet:

(2) Ist k ($k \geq 2$) eine natürliche Zahl und sind $a_1, a_2, \ldots, a_k$ positive reelle Zahlen, so gilt:

$$(a_1+a_2+\ldots+a_k)/k \geq (a_1 \cdot a_2 \cdot \ldots \cdot a_k)^{1/k} \quad .$$

Dabei steht genau dann das Gleichheitszeichen, wenn alle a_i ($i=1,2,\ldots,k$) paarweise gleich sind.

Mit $T := x_1+x_2+x_3+\ldots+x_k = x_1 x_2 x_3 \ldots x_k$ ergibt sich nach (2)

$$T/k \geq T^{1/k} \quad ,$$

$$T^{(k-1)/k} \geq k \quad ,$$

$$T^{1/k} \geq k^{1/(k-1)} \quad . \tag{3}$$

Dabei steht nach (2) genau dann das Gleichheitszeichen, wenn alle x_i paarweise gleich sind.

Für $1<k \leq n$ ergibt sich dann

$$\begin{aligned} x_1^{n-1}+x_2^{n-1}+\ldots+x_k^{n-1} &\geq k\cdot (x_1^{n-1}\cdot x_2^{n-1}\cdot \ldots \cdot x_k^{n-1})^{1/k} && \text{(nach(2))} \\ &= k(T^{1/k})^{n-1} \\ &\geq k(k^{1/(k-1)})^{n-1} && \text{(nach(3))} \\ &\geq k(n^{1/(n-1)})^{n-1} && \text{(nach(1))} \\ &= kn \end{aligned}$$

Damit ist Aufgabenteil a gelöst.

Bei den Abschätzungen nach (2) und (3) ist für Gleichheit die paarweise Gleichheit der x_i notwendig und hinreichend, bei der Abschätzung nach (1) steht, wie gezeigt, für $k<n$ das Kleinerzeichen, während für $k=n$ trivialerweise Gleichheit besteht.

Notwendig und hinreichend für die Richtigkeit der Gleichung in Aufgabenteil b ist mithin

$$k = n \quad \text{und} \quad x_1 = x_2 = \ldots = x_k .$$

Bemerkung zu Lösung 1

Die unter (1) nachgewiesene Monotoniebeziehung läßt sich ohne Verwendung der Bernoullischen Ungleichung allein mit der (ohnehin an späterer Stelle in der Lösung verwendeten) Ungleichung zwischen geometrischem und arithmetischem Mittel zeigen:

Für die natürlichen Zahlen n und k mit $n > k > 1$ betrachte man das Produkt, in dem (k-1)mal der Faktor n und (n-k)mal der Faktor 1 steht. Da nun gilt $(k-1)n+(n-k) = (n-1)k$, ist das arithmetische Mittel der Faktoren k. Da sich als Produkt n^{k-1} ergibt, liefert die Ungleichung zwischem geometrischem und arithmetischem Mittel nach Potenzieren mit n-1 die Ungleichung $n^{k-1} < k^{n-1}$.

Lösung 2

Eine Lösungsvariante ergibt sich durch Anwenden der nachfolgend unter (4) angegebenen Ungleichung.

(4) Sind k,n ($k,n \geq 2$) natürliche Zahlen und $a_1, a_2, \ldots, a_n$ positive reelle Zahlen, so gilt:

$$\left(\sum_{i=1}^{k} a_i\right)^{n-1} \leq k^{n-2}\left(\sum_{i=1}^{k} a_i^{n-1}\right),$$

wobei Gleichheit genau dann besteht, wenn alle a_i paarweise gleich sind.

Beweis zu (4)

Man setze zunächst $y_j := a_j / \sum_{i=1}^{k} a_i$ für $j=1,2,3,\ldots,k$.

Mit der Bezeichnung $S_n := \sum_{i=1}^{k} y_i^n$ für $n \in \mathbb{N}_0$ hat man dann

$S_0 = k$, $S_1 = 1$, und für alle $n \in \mathbb{N}_0$ gilt

$$(*) \qquad S_n \leq k \cdot S_{n+1} .$$

Der Nachweis zu (*) erfolgt durch vollständige Induktion. Für n=0 ist die Ungleichung offenbar richtig; es besteht sogar Gleichheit. Zum Schluß von n auf n+1 ($n \in \mathbb{N}_0$) schätzt man ab:

$$S_{n+1}^2 = \left(\sum_{i=1}^{k} y_i^{(n+2)/2} \cdot y_i^{n/2}\right)^2$$

$$S_{n+1}^2 \leq S_{n+2} \cdot S_n \quad \text{(nach Cauchy-Schwarzscher Ungl.)}$$

$$\leq S_{n+2} \cdot k \cdot S_{n+1} \quad \text{(nach Induktionsannahme)}$$

Division durch S_{n+1} liefert die Behauptung für n+1 und schließt den Induktionsbeweis zu (*) ab.

Als notwendige Bedingung für Gleichheit (bei $n \geq 1$) ergibt sich wegen der Abschätzung mit der Cauchy-Schwarzschen Ungleichung die lineare Abhängigkeit der Vektoren $(y_i^{(n+2)/2})$ und $(y_i^{n/2})$ im Raume $\mathbb{R}^k$. Diese bedeutet aber gerade paarweise Gleichheit aller y_i.

Nach (*) ergibt sich nun

$$1 = S_1 \leq k \cdot S_2 \leq k^2 \cdot S_3 \leq \ldots \leq k^{n-1} \cdot S_n \quad ,$$

also speziell $\quad 1 \leq k^{n-2} \cdot S_{n-1}$,

woraus man nach Multiplikation beider Seiten mit der (positiven) Zahl $(\Sigma\, a_i)^{n-1}$ die in (4) behauptete Ungleichung erhält. Dabei hat man, wie sich bei der Abschätzung mit der Cauchy-Schwarzschen Ungleichung ergab, als notwendige Bedingung für das Vorliegen von Gleichheit die paarweise Gleichheit aller a_i. Diese Gleichheit der a_i ist offensichtlich auch hinreichend, da sich dann auf beiden Seiten der Ungleichung aus (4) der Wert $k^{n-1} a_1^{n-1}$ ergibt.

Hiermit kann man nun wie folgt abschätzen:

$$\begin{aligned}
x_1^{n-1}+x_2^{n-1}+\ldots+x_k^{n-1} &\geq k^{2-n} \cdot T^{n-1} && \text{(nach (4))}\\
&\geq k^{2-n} \cdot (k^{k/(k-1)})^{n-1} && \text{(nach (3))}\\
&= k^{(n+k-2)/(k-1)}\\
&= k \cdot k^{(n-1)/(k-1)}\\
&\geq k \cdot n^{(n-1)/(n-1)} && \text{(nach (1))}\\
&= kn
\end{aligned}$$

Bei den Abschätzungen nach (3) und (4) ist wieder die paarweise Gleichheit der x_i, bei der Abschätzung nach (1) Gleichheit von k und n notwendig und hinreichend für das Gleichheitszeichen.

Ergänzungen:

1. Als Nebenresultat erhält man, daß für das Vorliegen der in Aufgabenteil a behaupteten Ungleichung für die positiven Zahlen x_i bereits die Voraussetzung $T \geq k^{k/(k-1)}$ reicht.

2. In dem Buch L.C.Larson : Problem-Solving Through Problems, Springer-Verlag, ist im Kapitel über die Cauchy-Schwarzsche Ungleichung unter 7.3.5 die folgende Aufgabe angegeben (und gelöst):

   Für natürliche Zahlen k,n und positive Zahlen $x_1, x_2, \ldots, x_k$ gilt stets

$$(x_1+x_2+\ldots x_k)(x_1^{n-1}+x_2^{n-1}+\ldots+x_k^{n-1}) \leq k(x_1^n+x_2^n+\ldots+x_k^n) \ .$$

Mit $T_i := x_1{}^i + x_2{}^i + \ldots + x_k{}^i$ ($i \in \mathbb{N}$) gewinnt man hieraus durch Induktion über n für $n \geq 2$ die Gültigkeit der Ungleichung

$$k^{n-2} \cdot T_{n-1} \geq T_1{}^{n-1} \qquad (\text{ - also (4) })$$

und gelangt damit in die Bahnen von Lösungsbeispiel 2.

3. Die Bernoullische Ungleichung, die Schwarzsche Ungleichung und die Ungleichung zwischen geometrischem und arithmetischem Mittel wurden in den Lösungsbeispielen als bekannt vorausgesetzt. Von den Teilnehmern wurde kein Beweis erwartet, da diese Ungleichungen vielfach zum Unterrichtsstoff gehören, zumindest aber in den gängigen Formelsammlungen zu Verfügung stehen.

Die Ungleichungen werden nachfolgend angegeben und bewiesen.

3.1 Bernoullische Ungleichung (in modifizierter Form):

Ist $a \in \mathbb{R} \setminus \{0\}$, $a > -1$ und $n \in \mathbb{N}$, $n > 1$, so gilt $\quad (1+a)^n > 1 + n \cdot a$.

Beweis (durch vollst. Induktion):

Die Behauptung ist für $n=2$ offensichtlich richtig, da links zusätzlich der positive Summand a^2 auftritt.

Schluß von n auf n+1 ($n \geq 2$):

$$(1+a)^{n+1} = (1+a)^n \cdot (1+a) > (1+na) \cdot (1+a) > 1+(n+1)a \ .$$

3.2 Cauchy-Schwarzsche Ungleichung:

Sind (a_i) und (b_i) Vektoren des Raumes $\mathbb{R}^k$, so gilt stets

$$\left(\sum_{i=1}^{k} a_i b_i\right)^2 \leq \left(\sum_{i=1}^{k} a_i{}^2\right) \cdot \left(\sum_{i=1}^{k} b_i{}^2\right) .$$

Dabei tritt genau dann Gleichheit auf, wenn die Vektoren (a_i), (b_i) linear abhängig sind.

Beweis: Sind die Vektoren linear abhängig, (also oBdA $b_i = t \cdot a_i$ für ein geeignetes t und alle Indizes i, ggfs. nach Vertauschung der Vektoren), so ergibt sich auf beiden Seiten der angegebenen Ungleichung $t^2 \cdot (\Sigma a_i{}^2)^2$.

Es bleibt zu zeigen, daß im Falle linearer Unabhängigkeit das Kleinerzeichen steht.

Mit den Bezeichungen $A := \sum_{i=1}^{k} a_i{}^2$, $B := \sum_{i=1}^{k} b_i{}^2$, $C := \sum_{i=1}^{k} a_i b_i$ gilt:

$$0 < \sum_{i=1}^{k} (Ba_i - Cb_i)^2 = B^2 A - 2BC^2 + C^2 B = B(AB - C^2) \ .$$

Dies liefert nach Division durch die (positive) Zahl B

$$0 < AB - C^2, \quad \text{also } C^2 < AB ,$$

was noch zu zeigen war.

3.3 Ungleichung zwischen geometrischem und arithmetischem Mittel

Ist n eine natürliche Zahl und sind $a_1, a_2, \ldots, a_n$ positive reelle Zahlen, so gilt:

$$(a_1+a_2+\ldots+a_n)/n \geq (a_1 \cdot a_2 \cdot \ldots \cdot a_n)^{1/n} \quad .$$

Dabei steht genau dann das Gleichheitszeichen, wenn alle a_i $(i=1,2,\ldots,n)$ paarweise gleich sind.

Beweis (durch vollständige Induktion):

Offensichtlich ist die angegebene Ungleichung sogar mit Gleichheitszeichen erfüllt, wenn alle a_i paarweise gleich sind, speziell also im Fall $n=1$. Zum Abschluß des Induktionsbeweises ist also für $n \in \mathbb{N}$ mit Hilfe der Induktionsvoraussetzung nur noch folgendes zu zeigen:

Sind $a_1, a_2, \ldots, a_n$ positive reelle Zahlen, die nicht alle paarweise gleich sind, so gilt:

$$(!) \qquad (a_1+a_2+\ldots+a_{n+1})/(n+1) > (a_1 \cdot a_2 \cdot \ldots \cdot a_{n+1})^{1/(n+1)} \quad .$$

Das arithmetische Mittel der Zahlen a_1, a_2, ..., a_{n+1} sei mit s bezeichnet. Da bei den a_i verschiedene Werte auftreten, gibt es unter ihnen größere als s und kleinere als s.

Da beide Seiten der Ungleichung bei Permutation der Indizes in sich übergehen, darf oBdA angenommen werden

$$a_1 < s < a_{n+1} \quad .$$

Setzt man $b := a_1+a_{n+1}-s$, so gilt

$$sb = sa_1 + sa_{n+1} - s^2 = (a_{n+1}-s)\cdot(s-a_1) + a_1 a_{n+1} \quad .$$

Da $(a_{n+1}-s)\cdot(s-a_1)$ als Produkt positiver Zahlen positiv ist, erhält man also

$$(+) \qquad sb > a_1 a_{n+1} \quad .$$

Nach Definition von b hat man

$$b + a_2 + a_3 + \ldots + a_n = a_1 + a_2 + a_3 + \ldots + a_n + a_{n+1} - s$$

$$= (n+1)s - s = n \cdot s \quad .$$

Das arithmetische Mittel der n Zahlen b, a_2, ..., a_n ist also gerade s. Nach Induktionsvoraussetzung ergibt sich somit

$$s \geq (b \cdot a_2 \cdot a_3 \cdot \ldots \cdot a_n)^{1/n} ,$$

$$s^n \geq b \cdot a_2 \cdot a_3 \cdot \ldots \cdot a_n ,$$

$$s^{n+1} \geq s \cdot b \cdot a_2 \cdot a_3 \cdot \ldots \cdot a_n ,$$

$$s^{n+1} > a_1 \cdot a_2 \cdot a_3 \cdot \ldots \cdot a_n \cdot a_{n+1} \qquad \text{(nach (+))}.$$

Aus der letzten Ungleichung folgt unmittelbar (!), womit der Beweis abgeschlossen ist.